环保科普丛书

U0306159

汞污染危害
预防及控制知识问答

GONGWURAN WEIHAI
YUFANG JI KONGZHI ZHISHI WENDA

环境保护部科技标准司
中国环境科学学会 主编

中国环境出版社·北京

图书在版编目（CIP）数据

汞污染危害预防及控制知识问答 / 环境保护部科技标准司，中国环境科学学会主编 . -- 北京：中国环境出版社，2017.5

（环保科普丛书）

ISBN 978-7-5111-3105-8

Ⅰ.①汞… Ⅱ.①环… ②中… Ⅲ.①汞污染－污染防治－问题解答 Ⅳ.① X5-44

中国版本图书馆 CIP 数据核字 (2017) 第 051907 号

出 版 人　王新程
责任编辑　沈　建　董蓓蓓
责任校对　任　丽
装帧设计　金　喆

出版发行　中国环境出版社
　　　　　（100062 北京市东城区广渠门内大街 16 号）
　　　　　网　　址：http://www.cesp.com.cn
　　　　　电子邮箱：bjgl@cesp.com.cn
　　　　　联系电话：010-67112765（编辑管理部）
　　　　　发行热线：010-67125803，010-67113405（传真）
印　　刷　北京中科印刷有限公司
经　　销　各地新华书店
版　　次　2017 年 10 月第 1 版
印　　次　2017 年 10 月第 1 次印刷
开　　本　880×1230 1/32
印　　张　4
字　　数　70 千字
定　　价　20.00 元

《汞污染危害预防及控制知识问答》编委会

科学顾问： 陈 杨　张正洁

主　编： 杨 乔　宋忠军

副主编： 刘莉媛　陈 昱

编　委：（按姓氏拼音排序）

陈 刚	陈 扬	陈 嵘	陈 昱	陈永梅
冯钦忠	邵 伟	侯海盟	姜晓明	李宝磊
李 悦	李咏春	李述贤	刘 舒	刘俐媛
卢佳新	祁国恕	王俊峰	王明慧	杨 乔
杨 勇	曾庆轩	张静蓉	张正洁	朱忠军

编写单位： 中国环境科学学会

中国环境科学学会重金属污染防治专业委员会

国家环境保护汞污染防治工程技术中心

中国科学院北京综合研究中心

沈阳环境科学研究院

绘图单位： 北京点升软件有限公司

《环保科普丛书》

　　我国正处于工业化中后期和城镇化加速发展的阶段，结构型、复合型、压缩型污染逐渐显现，发展中不平衡、不协调、不可持续的问题依然突出，环境保护面临诸多严峻挑战。环保是发展问题，也是重大的民生问题。喝上干净的水，呼吸上新鲜的空气，吃上放心的食品，在优美宜居的环境中生产生活，已成为人民群众享受社会发展和环境民生的基本要求。由于公众获取环保知识的渠道相对匮乏，加之片面性知识和观点的传播，导致了一些重大环境问题出现时，往往伴随着公众对事实真相的疑惑甚至误解，引起了不必要的社会矛盾。这既反映出公众环保意识的提高，同时也对我国环保科普工作提出了更高要求。

　　当前，是我国深入贯彻落实科学发展观、全面建成小康社会、加快经济发展方式转变、解决突出资源环境问题的重要战略机遇期。大力加强环保科普工作，提升公众科学素质，营造有利于环境保护的人文环境，增强公众获取和运用环境科技知识的能力，把保护环境的意识转化为自觉行动，是环境保护优化经济发展的必然要求，对于推进生态文明建设，积极探索环保新道路，实现环境保护目标具有重要意义。

国务院《全民科学素质行动计划纲要》明确提出要大力提升公众的科学素质，为保障和改善民生、促进经济长期平稳快速发展和社会和谐提供重要基础支撑，其中在实施科普资源开发与共享工程方面，要求我们要繁荣科普创作，推出更多思想性、群众性、艺术性、观赏性相统一，人民群众喜闻乐见的优秀科普作品。

环境保护部科技标准司组织编撰的《环保科普丛书》正是基于这样的时机和需求推出的。丛书覆盖了同人民群众生活与健康息息相关的水、气、声、固废、辐射等环境保护重点领域，以通俗易懂的语言，配以大量故事化、生活化的插图，使整套丛书集科学性、通俗性、趣味性、艺术性于一体，准确生动、深入浅出地向公众传播环保科普知识，可提高公众的环保意识和科学素质水平，激发公众参与环境保护的热情。

我们一直强调科技工作包括创新科学技术和普及科学技术这两个相辅相成的重要方面，科技成果只有为全社会所掌握、所应用，才能发挥出推动社会发展进步的最大力量和最大效用。我们一直呼吁广大科技工作者大力普及科学技术知识，积极为提高全民科学素质做出贡献。现在，我们欣喜地看到，广大科技工作者正积极投身到环保科普创作工作中来，以严谨的精神和积极的态度开展科普创作，打造精品环保科普系列图书。衷心希望我国的环保科普创作不断取得更大成绩。

丛书编委会

二〇一二年七月

前言

汞对人体神经系统的影响早在一个多世纪前就已为人们所了解：因《爱丽丝梦游仙境》而闻名遐迩的疯帽匠之所以得此称号，正是因为制帽工人过去曾使用液体汞加固帽沿，从而吸入了有毒烟雾。发生在 1932—1968 年的日本水俣病事件，至少有 5 万人受到不同程度的伤害，确认了 2 000 多例水俣病，重症病例出现脑损伤、瘫痪、语无伦次和谵妄，是人为汞排放进而影响公共卫生的一个显著例子，给世人以警示。

鉴于汞可在大气中做远距离迁移，也可在人为排入环境后持久存在，同时会在各种生态系统中进行生物累积，而且还可对人体健康和环境产生重大不利影响，保护人体健康和环境免受汞和汞化合物人为排放和释放的危害已成为全球性关注问题。世界卫生组织认为，汞是属于重大公共卫生关切的十大化学品或化学品类之一。2013 年 1 月 19 日，联合国环境规划署通过了旨在全球范围内控制和减少汞排放的国际公约《水俣公约》，就具体限排范围作出详细规定，以减少汞对环境和人类健康造成的损害。

作为自然生成的一种元素，人们可能在不同环境下接触任何一种形式的汞。大多数情况下，了解与汞有关的一些科学知识，采取一些有效的措施，汞污染及其危害是可以得到有效控制的。基于汞污染及其危害可防、可控的理念，我们组织编写了《汞污染危害预防及控制

V

知识问答》一书，尽量围绕生活实际筛选内容，力争做到集科学性、知识性、实用性于一体，对汞的基本知识、汞的生产和使用、汞污染的来源与管理、汞的健康危害及预防、公众参与等方面的知识给予通俗解读，旨在让公众对汞污染有一个基本的了解，建立对汞污染及其危害问题的科学认知，以利于做出正确的判断和选择。

在本书的编写过程中，"含汞废物污染特征及污染风险控制技术研究"（项目编号：201509054）项目组，以及中国环境科学学会重金属污染防治专业委员会、国家环境保护汞污染防治工程技术中心、中国科学院北京综合研究中心、沈阳环境科学研究院等委派专家参与了本书的编写工作，在此一并感谢！

由于水平有限，加之时间仓促，书中难免有疏漏、不妥之处，敬请广大读者批评指正！

编　者

二〇一六年十二月

目录
MULU

VII

第五部分　公众参与 95

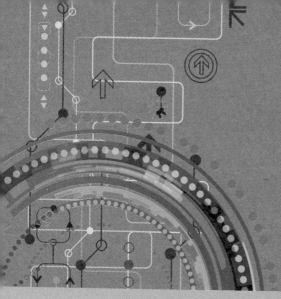

GONGWURAN WEIHAI YUFANG JI KONGZHI
ZHISHI WENDA

汞污染危害预防及控制 知识问答

第一部分
基础知识

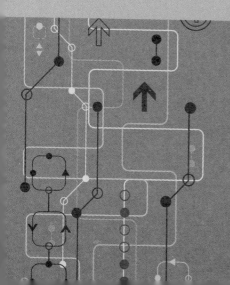

1. 汞是什么？

汞，俗称水银，是一种银白色液态金属，在《本草纲目》中记载"其状如水，似银，故名水银"。汞是元素周期表中第 80 号元素，相对原子质量为 200.59，密度为 13.58 g/cm^3（水的 13.5 倍），是一种密度极大的金属。汞的英文名称为 Mercury，源自炼金术士采用罗马神使墨丘利来命名它。其元素符号 Hg 来自拉丁词 Hydrargyrum（源自希腊文 Hydrargyros，词根 Hydro、argyros 分别表示水、银）。汞撒在地上时，能散落成银色的小珠子四处滚动，这也是汞的英文别称 Quicksilver 的来源。

2. 汞主要以什么形式存在于自然界中？

汞在自然界中以金属汞、无机汞和有机汞的形式存在。自然界中很难发现纯的液态金属汞，更多的是以 +1 价汞（Hg^+）和 +2 价汞（Hg^{2+}）的形态和其他元素结合而成无机化合物，如氯化亚汞（Hg_2Cl_2）、氯化汞（$HgCl_2$）、硫化汞（HgS）、氧化汞（HgO）等。汞与有机物结合形成的化合物称为有机汞，如二甲基汞、甲基汞、乙基汞及苯汞等。有机汞和无机汞之间可以相互转化，而甲基化（甲基汞）是汞在自然界中的主要转化形式之一，除一些微生物可使无机汞转化为甲基汞外，某些生物物质也具有使汞化合物甲基化的功能。

3. 汞的主要物理特性有哪些?

汞是唯一在常温下呈液态并易流动的金属,凝固点是 -38.87℃,沸点是 356.6℃。人们利用汞的这些特性开发出了温度计、血压计、气压计等众多仪表产品。汞易挥发,当汞暴露在空气中时,能挥发出有毒的汞蒸气。汞不溶于水,可通过表面的水封层蒸发到空气中时。此外,汞还是电的良导体,汞蒸气在电弧中能导电,并辐射出高强度的可见光和紫外线。

> 汞是唯一在常温下呈液态并易流动的金属,凝固点是 -38.87℃, 沸点是 356.6℃。

4. 汞的主要化学特性有哪些?

汞既不能和盐酸反应,也不能和硫酸反应。然而,汞却能与发烟硝酸发生剧烈的化学反应。汞还具有强烈的亲硫性和亲铜性,即使在常态下，也很容易与硫和铜的单质化合并生成稳定的化合物。

5. 常见的汞化合物主要有哪些?

常见的汞化合物主要是以下几种：①氯化亚汞（Hg_2Cl_2），又称甘汞，曾用于儿童的牙齿止痛、植物幼苗的保护（防范害虫），目前已被限制使用。②氯化汞（$HgCl_2$），又称升汞，是一种腐蚀性极强的剧毒物品，主要用于制作抗真菌感染的药物和消毒剂。氯化汞溶液被稀释至很低的浓度后，可以用作催吐剂和利尿剂。③雷酸汞，经常被用于爆炸品的生产。④硫化汞，又名辰砂，是提炼汞的矿物原料。它是一种高质素的颜料，常用于印泥，又是一种矿石药材，是道士炼丹的一种常用材料。此外，由于辰砂色泽艳红、美丽，因此含辰砂的叶蜡石俗称"鸡血石"。⑤有机汞，包括甲基汞、二甲基汞、苯基汞和甲氧乙基汞等。有机汞主要以甲基化合物的形式存在于自然界中，其中甲基汞是一种经常能在河流或湖泊中发现的污染物。

6. 汞的主要产品有哪些？

由于汞具有特异的物理化学性能，因而汞产品遍及我们的日常生活。例如，利用汞的液态性和低扩散性、附着性，以及整个液态范围内体积膨胀均匀性，将其用于制造温度计、血压计；利用汞的大密度和低蒸气压性能，将其用于制造气压计和压力计；利用汞蒸气在电弧中能导电并辐射高强度可见光和紫外线的性能，将其用于制造医疗太阳灯（还可以用于制造荧光灯、街灯、车前灯等）；利用汞的高密度、导电性和流动性，将其用于液封和大电流断路继电器；利用汞对热中子较高的截获性和良好的导热性，还将其用作核反应器的防护和冷却介质。此外，银汞合金可用作牙医补牙的填料。

温度计　　血压计　　气压计　　压力计
继电器　　车前灯　　街灯　　荧光灯　　医疗太阳灯

7. 主要涉汞制品行业有哪些?

汞和汞的化合物广泛用于化学、电气、仪表及军事工业等，目前，世界上有 80 余种生产工艺需要以汞为原料或辅助材料。①工业方面，汞作为电极电解食盐生产高纯度的氯气和烧碱，还被应用于冶金、铸造工业提取有色金属。②医药方面，甘汞用作儿童的泻药；金属汞被制成血压计；口腔科还以银汞剂作填补龋齿的材料；红汞是常用的外用消毒剂。③农业方面，汞的化合物西力生、赛力散是农业上常用的种子杀菌剂；乙基三氯苯酚汞是造纸黏液杀菌除霉剂。此外，汞还作为钚原子反应堆的冷却剂被应用于军事方面。在众多的应用中，电池生产、氯碱工业以及手工和小规模采金业约占全球汞消费量的 2/3。

主要涉汞制品行业

(1) 工业。

(2) 医药。

(3) 农业。

(4) 军事。

8. 汞的毒性及危害有哪些？

汞及其化合物具有很强的生物毒性，能够扩散并长期留存于生态系统，对暴露人群造成严重的身体疾患和智力损伤。例如：汞可通过干沉降或湿沉降污染水体，与生物反应后形成甲基汞，进入鱼类和其他生物体内后很难被排出而逐渐累积于肾、肝和脑中，沿食物链逐渐向高端富集，对高等生物和人类具有极大的危害性。在由于汞处理不当而引发的灾难性事件中，最为悲惨的就是 20 世纪 50 年代发生在日本水俣湾（Minimata Bay）的汞中毒事件（水俣病），这起工业污染事件带来的教训至今仍为全世界时刻敲响着警钟。

9. 您了解关于汞的《水俣公约》吗？

《水俣公约》于 2013 年 10 月 10 日开放签署，是一份具有法律约束力的多边环境条约，是近年来环境与健康领域内订立的一项新的全球性公约。该项公约以日本城市水俣市命名，正是日本水俣市附近 20 世纪中期以悲剧性的中毒事件唤醒了世人对汞污染的重视。《水俣公约》针对使用、释放或排放汞的一系列产品、工艺和行业订立了各种控制和减排措施，还对汞的直接开采、汞金属的进出口以及汞废物的安全储存等作出了相应的规定。其中：根据公约条款，缔约国到2020年将禁止生产、进口和出口加汞的产品，如部分电池、某些荧光灯、部分加汞医疗用品（如温度计和血压计等）；公约还将对来自大规模工业工厂的汞排放和释放采取各种控制措施，如燃煤发电站、工业锅炉、废物焚烧设施和水泥熟料设施等。

10. 人类早在什么时候就开始利用汞？

古希腊人早在公元前700年就开始采硫化汞以炼取汞。

有资料记载曾在埃及古墓中发现一小管水银，据考证是公元前16至前15世纪的产物。在古希腊，人们早在公元前700年就开始采硫化汞以炼取汞，并将它用于墨水中，而古罗马人则将它加入化妆品。

在莎士比亚的话剧《哈姆雷特》中，哈姆雷特的父亲老国王就是被其叔叔将水银灌入耳朵后，水银流进了他全身的血管里，烧干了血液，并使皮肤到处长起硬壳似的疮而死的，这也说明早在很久以前人们就了解了汞的剧毒特性。

11. 我国利用汞的历史有多长？

我国利用汞的历史可以追溯到 5 000 年前，比古希腊和古罗马还要早 1 000 多年。

　　据考古资料，在仰韶文化层和龙山文化层，均发现有"涂朱"（砂）遗物，因此我国利用汞的历史可以追溯至 5 000 年前。而殷虚出土的甲骨文上涂有丹砂这一史迹，再次证明我国在很早以前就使用了天然硫化汞。春秋战国以后，丹砂又在炼丹术和医药方面得到了应用，并开始用于提炼汞。史记中记载，秦始皇陵地宫深处"以水银为江河大海，相机灌输"，这就是说，我国在秦始皇时期或更早就已经取得大量汞。我国宋代的《金华冲碧丹经秘旨》和明代的《天工开物》，均记述了炼汞技术及设备。我国古代还把汞作为外科用药，1973 年长沙马王堆汉墓出土的帛书中有《五十二药方》，抄写年代在秦汉之际，是现已发掘出的我国最古医方，其中有 4 个药方中应用了水银，如用水银、雄黄混合治疗疥疮等。

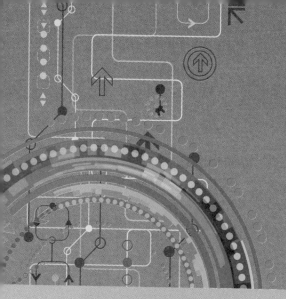

GONGWURAN WEIHAI YUFANG JI KONGZHI
ZHISHI WENDA

汞污染危害预防及控制 知识问答 ■

第二部分
汞的生产和使用

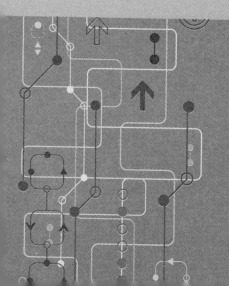

12. 汞矿是如何形成的？

大部分含汞矿物的形成经历了近30亿年。

　　汞在自然界分布广泛，不仅在地壳的各类岩石中有着广泛的分布，而且在地壳外部的水圈、大气圈、生物圈中也普遍存在，但与其他部分元素相比，其含量却是少量和微量的。汞在地壳中平均含量（即元素丰度）为 8.3×10^{-6}%，地壳中 99.8% 的汞均呈分散状态赋存于各类岩石之中，而仅有 0.02% 的汞才集中富集成为矿床。

　　汞的主要矿物辰砂，在中国古代称丹砂、朱砂或石朱砂。宋代以后，因主要产销市场在湖南辰州（现名为沅陵），故得名为辰砂。汞的主要工业矿床可分为与岩浆作用关系不明显的低温热液汞矿床和与火山作用关系密切的浅成低温热液汞矿床。前一类汞矿床，大多分布在大范围内无火成岩出露的地区，主要产于石灰岩和白云岩层中，矿床的矿物成分比较简单，主要矿石矿物是辰砂。后一类汞矿床，与新近纪甚至近代火山活动及温泉有关，矿床多产在火山岩中，以及火山岩附近的各种沉积岩、变质岩甚至蛇纹岩中。

13. 汞矿开采的历史演变是怎样的？

目前，主要汞矿位于吉尔吉斯斯坦和中国。

汞矿山开采，是全世界汞最主要的生产途径，迄今约有 68.9 万 t 金属汞从不同国家和地区的汞矿山产出。目前，主要汞矿位于吉尔吉斯斯坦和中国。随着人们对汞污染及其毒害的认识不断加深，以及各行业汞替代技术及无汞产品、无汞工艺的大量推广，使全球对汞的需求量日趋减少，加之国际社会对含汞产品、汞贸易的严格限制，导致各国汞矿资源的大规模开发活动陆续停止。

由于受到全球环境保护的限制，汞的消费逐年减少，我国汞矿的开发也逐年下降。对于原生汞矿开采，《水俣公约》中要求"对缔约方生效后，禁止新建原生汞矿，并在 15 年内关闭所有原生汞矿，期间原生汞仅可用于公约允许用途"。在我国，2011 年年初国务院批复的《重金属污染综合防治"十二五"规划》中，汞已被列为重点管控污染物之一，汞矿开采也被列入重点管控行业，原生汞矿关停是必然趋势。

14. 全球汞矿是如何分布的？

在全球范围内，沿板块边缘分布着 3 个大型汞矿化带：环太平洋汞矿化带、地中海—中亚汞矿化带和大西洋中脊汞矿化带。世界上大型或超大型汞矿床均分布在这些汞矿化带中，包括：西班牙阿尔马登汞矿、斯洛文尼亚 dIrijac 汞矿、意大利 MnoetAmiata 汞矿、菲

律宾巴拉望汞矿、美国 New Almda 汞矿以及我国贵州万山汞矿、陕西旬阳汞矿等。其中，西班牙阿尔马登汞矿作为世界上最大的汞矿，历史上其产量约占全世界总产量的 1/3；斯洛文尼亚境内的 dIrijac 汞矿是世界第二大汞矿，近 500 年内其累计的汞产量约为 7 628t。

15. 中国的汞矿开采现状如何？

仅 2007 年，我国汞产量就达 798t，占世界汞产量的 53.1%，居全球首位。我国的汞矿床分布很广，按其产出位置有 4 个大的成矿区：昆仑—秦岭成矿区（陕甘青成矿区）、三江成矿区（川西、滇西成矿区）、武陵成矿区（鄂西、川东南、黔东、湘西成矿区）、右江成矿区（滇东南、黔西南、桂北成矿区）。就各省区来看，贵州省储量最多，陕西省次之。武陵成矿区是我国主要的汞矿成矿区，我国闻名中外的贵州万山汞矿就在这个成矿区的南段。

16. 汞矿石采选工艺主要有哪些？

利用辰砂密度大及其疏水性强等特性，通常采用重选和浮选联合或者单一浮选作业的方法筛选汞矿石。采用重选—浮选联合流程选矿，重选的产品是朱砂，其尾矿经磨砂后通过浮选获得汞精矿。这一流程不仅使企业产品多样化、经济效益高，而且有利于环境保护和文明生产。在辰砂颗粒嵌布极细、矿石成分复杂、泥化程度颇大且不需要朱砂产品的情况下，不宜采用重选，而应采用单一浮选法处理。

17. 汞矿冶炼包含哪些基本工艺环节？

汞精矿选矿和冶炼过程中，要先把矿石粉碎，再培烧，最后蒸馏。

矿石

矿石粉碎

培烧→蒸馏

培烧炉

冷凝器

汞

　　汞矿选矿厂的主要产品有汞精矿和朱砂两种。汞精矿选矿和冶炼过程中，要先把矿石粉碎，再培烧（加热矿石至540℃以上就可从硫化汞提炼出金属汞），最后蒸馏（将汞还原后以汞蒸气的形式分离出来，再冷凝成液态金属汞）。朱砂呈红色，一般采用预选、重选和浮选或几种方法联合选别，冶炼方法与汞精矿相同。

18. 生产汞化合物的工艺有哪些？

　　含汞化合物是实验室及工业生产中常用的化学试剂，种类繁多，主要产品有氯化汞、氯化亚汞、醋酸汞、碘化汞、硫化汞等。其生产方法包括干法工艺和湿法工艺两种。

干法工艺采用汞与其他生产原料混合后焙烧的方法，经冷凝后得到最终产品。这种方法含汞废气产生量大，需经除尘、吸附、净化等工艺处理后方能达标排放。

湿法工艺需将汞与其他生产原料在溶液中进行反应，经过分离、洗涤、干燥后得到最终产品。如氯化汞生产过程中常用的氯化法，即是将汞用硝酸酸洗、过滤后加入反应器，与经过干燥、预热的氯气进行反应，反应生成的氯化汞气体经过陶瓷冷却塔形成晶体，沉降到塔底由出料口放出，制得氯化汞成品。这种方法含汞废水产生量较大，需采用必要的化学处理方法才能达标排放。

19. 您知道含汞气压计吗？

公元1643年，意大利科学家托里拆利（Evangelista Torricelli）
发现玻璃管内水银柱的高度随天气情况而变。

　　测量大气压强的仪器称为气压计（又称气压表），分水银气压
计和无液气压计两种。其中，水银气压计又称托里拆利管，根据意大
利物理学家托里拆利（Evangelista Torricelli）在1643年首先完成的"托
里拆利实验"制成。在托里拆利实验中，把长约1 m、一端封闭另一
端开口的玻璃管装满水银，用手指堵住管口倒置于水银槽中，放开手
指，发现无论玻璃管长度如何、粗细和倾斜程度如何，管内水银柱的
垂直高度总是76 cm。在气压不变时，管内外水银面高度差与管的粗
细、形状、稍提起一些或稍插下一些无关；当管倾斜一些时，管内外
水银面高度差保持不变，只是管内水银柱变长一些；若管封闭端有小

孔，管内水银柱会下降，直到与水银槽液面相平。托里拆利利用这一实验测定了大气压，并据此原理制成水银气压计。

20. 您知道含汞温度计吗？

汞温度计

　　金属热胀冷缩的幅度都比较大，因此可以利用金属这一特性显示温度变化。与其他金属相比，汞的独特之处在于它在常温下为液态。把水银密封在细管中，很容易通过观察水银的体积变化来判断温度的变化，因此汞被用来制作温度计。虽然其他液体也能够热胀冷缩，但是汞在温度降至-38.87℃之前，不会凝固，而在温度升至35.66℃之前也不会沸腾，这一特殊性质使汞成为制作温度计的绝佳材料。

21. 您知道含汞血压计吗？

汞血压计

血压计为用于间接测量人体动脉血压的诊断仪器，根据其构造不同分为汞柱式、弹簧式和电子血压计三种，前两者主要由装有汞的玻璃管或弹簧表、橡皮管、橡皮囊袖带和打气球等部件组成，后者的关键部件是电子换能器。含汞血压计较准确，故最为常用。2008 年全国含汞血压计总产量约 257.93 万台，2010 年总产量约为 290 万台。含汞血压计使用液汞，其纯度大于 99.99%。手动开关含汞血压计单台产品平均含汞量一般为 20 ～ 30 g，自动开关含汞血压计单台产品含汞量一般为 35 g。

22. 您知道汞能用来补牙吗？

　　在牙科治疗中，汞齐（即汞合金）一直用于修复牙齿龋洞。牙科用的汞齐是汞与合金的混合物，通常含有 52% 的汞、33% 的银、12.5% 的锡、2% 的铜和 0.5% 的锌，它在全球已有约 150 年的使用历史。在我国，它作为牙科填料的记录甚至可追溯到 7 世纪。但是，使用汞齐补牙，会对人体产生一定的危害。刚刚安置的牙汞齐中汞的平均含量是 310 mg/ 颗，在使用寿命结束并移除时，汞齐中大约还含有 280 mg/ 颗的汞。也就是说，大约有 30 mg/ 颗的汞释放，从而可能对人体产生不良影响。此外补牙时，汞齐充填物产生的汞蒸气，对患者同样有害。

23. 您知道疫苗生产中为什么会用到汞吗？

疫苗中使用的汞化合物是硫柳汞。

硫柳汞（Thiomersal）是一种有机汞（含有乙基汞的化合物），易溶于水、乙醇，有抑制细菌和真菌生长的作用，可用于皮肤、黏膜的消毒，也常用于生物制品的防腐，是疫苗中最广泛使用的防腐剂（用于防止细菌和真菌在某些灭活疫苗多剂量瓶中生长）。作为生产过程中使产品安全有效的组成部分，它也被用于特定疫苗的生产，如某些百日咳疫苗。20 世纪 30 年代以来，硫柳汞一直用于某些疫苗和其他医疗产品的生产，超过 120 个国家和地区使用含有硫柳汞的疫苗（目前，含硫柳汞的多剂量疫苗免疫为至少 64% 的婴儿和儿童提供保护，预防 4 种死亡率很高的疾病：白喉、破伤风、百日咳和 B 型流感嗜血杆菌）。

近年来，世界卫生组织（WHO）通过其独立专家咨询小组（全球疫苗安全咨询委员会）一直密切监测与作为疫苗防腐剂使用的硫柳

汞相关的科学证据，得出的结论是：没有证据表明，疫苗中使用的
硫柳汞的剂量会对健康构成风险。其他专家组（如美国医学研究院、
美国儿科学会、英国药品安全委员会和欧洲药物评审局）均得出同样
的结论。

24. 您知道哪些中药含汞吗？

> 在我国目前的国家药品标准中，中药如安宫牛黄丸、仁丹等253个药品获准可以含有朱砂成分，即硫化汞。

　　中药方剂常常添加朱砂等矿物药，中成药中的汞很大部分来自
添加的朱砂。古代中医典籍如《圣济总录》《太平圣惠方》等，含
有朱砂等重金属的方剂达到所有方剂总量的 12% ～ 17%。在我国目
前的国家药品标准中，中药如安宫牛黄丸、仁丹等 253 个药品获准
可以含有朱砂成分，即硫化汞。《中华人民共和国药典》（2005 年
版）中收载含朱砂、雄黄的成方制剂 53 种，占其收载全部成方制剂
的 10.04%。目前，我国汞限量指标为 ≤ 0.2 mg/kg，美国、欧盟、

日本是＜ 0.1 mg/kg。2005 年版《中华人民共和国药典》首次规定药材含汞≤ 5.0 mg/kg、镉≤ 0.3 mg/kg、汞≤ 0.2 mg/kg、砷≤ 2.0 mg/kg、铜≤ 20.0 mg/kg，该标准与《药用植物及制剂外经贸绿色行业标准》（WM/T 2—2004）中所规定的绿色药用植物及制剂的含汞限量指标一致。2015 年版《中华人民共和国药典》规定，除矿物、动物、海洋类外的中药材，公布的超过 1 mg/kg，与之前相比限度放宽了，但在个品种项目下的具体规定和要求更加具体化，如在珍珠、牡蛎、蛤壳 3 个品种项下均规定汞不得超过 0.2 mg/kg，在昆布和海带品种向下规定汞不得超过 0.1 mg/kg。

25. 您知道红药水中含汞吗？

汞红俗名红药水，有效成分是汞溴红（为 2% 的汞溴红溶液），是消毒防腐剂，有轻微的杀菌、抑菌作用（其中的阳离子汞能与细菌蛋白质结合，影响细菌的代谢过程，从而达到抑制细菌生长的目的），刺激性小，适用于新鲜的小面积皮肤或黏膜创伤（如擦伤、碰伤等）的消毒。目前，临床上已很少使用红药水，最重要的原因是：药水穿透力很弱，只有较小的抑菌作用，有机物或碱性环境均会降低其作用，消毒效果并不可靠；红药水含有重金属汞，对人体有毒，尤其不能使用红药水去消毒大面积伤口，否则容易造成汞中毒。另外，红药水不能与碘酒一起使用，这是因为红药水中的汞溴红与碘酒中的碘相遇后，会生成碘化汞，而碘化汞是剧毒物质，它对皮肤黏膜以及其他组织能产生强烈的刺激作用，甚至能引起皮肤损伤、黏膜溃疡，所以在伤口处不能同时使用这两种药物（碘化汞进入人体后还会使牙龈发炎，严重时可使心力衰竭）。

红药水的有效成分是汞溴红。

26. 您知道汞能用于制作电路开关吗?

由于汞具有导电性和液态属性,汞被使用来制作电路开关。汞开关(又称倾侧开关)是根据封装在玻璃外壳或金属外壳内的汞移动来实现开关通断的(因为重力的关系,汞会向容器中较低的地方流去),如果同时接触到两个电极,则电路闭合、开启开关(一些常见的家用产品和用具如蒸气熨斗含有汞倾斜开关)。与机械开关相比,汞开关具有许多特点:①可以在恶劣环境条件下使用。汞开关是密封的,内部的汞和外界隔绝,它可以应用于有油、蒸汽、灰尘及腐蚀性气体的环境中。②通断所需的外力小。汞是唯一能在常温下保持液态的金属,它的表面张力和比重都较大,只要稍加外力使水银开关产生倾斜,汞便可移动,使开关实现通断。③由于汞开关的通断由汞重力确定，所以它可以长期可靠地工作。④电极的接点是液态接触，无任何噪声。⑤由于汞可以流动，只要加速度达到设定值以上，水银开关就可以接通或断开，因而可以作为振动的敏感元件使用。此外，在自动控温器里，当温度上升时，汞膨胀接碰到触点而接通电路；当温度降低时，汞收缩离开触点，电路则被断开。因此，利用汞开关可以检测温度变化。

当汞同时接触到两个电极时，电路闭合、开启开关。

27. 您知道汞电池吗？

汞电池是一种碱性电池，所用的电解液是氢氧化钾溶液，两极材料分别是锌和氧化汞。电池在工作时，氧化汞被还原为汞，锌则被氧化为氧化锌。由于这种电池有很高的电荷体积密度和稳定的电压而得到广泛应用，如自动曝光照相机、助听器、医疗仪器、电路板上的固定偏置电压及一些军事装备中。由于这种电池中含有重金属汞，用完后如随意丢弃会严重污染环境，故其生产及使用范围正在趋向缩小，正部分被锌银电池所取代。

28. 您知道汞能制成电光源吗？

汞灯（mercury lamp）也叫水银灯，将汞和少量氩气充入两端装有电极的耐热玻璃真空管而制成，通电后，管内汞受热而蒸发成汞蒸气并受电子激发而发光。按汞蒸气压力，可分为高压汞灯、低压汞灯和超高压汞灯。

低压汞灯点燃时汞蒸气压小于一个大气压，此时汞原子主要辐射波长为紫外线，灯管内壁涂以卤磷酸钙荧光粉，再将紫外线转变为可见光（传统的荧光灯即由涂有磷光剂涂层、两端有电极的玻璃管组成，受激的汞蒸气发出紫外线，被涂有磷光剂涂层的玻璃吸收后产生荧光现象，发出可见光），广泛用于家庭、办公和购物场所等照明（由于含有重金属汞，传统的荧光灯逐渐被绿色节能的 LED 灯替代）。

高压汞灯由荧光泡壳和放电管两部分组成，通电后放电管产生很强的可见光和紫外线，紫外线照射在荧光泡壳上，发出大量可见光。高压汞灯发出的光中不含红色，它照射下的物体发青，适用于广场、街道的照明。

超高压汞灯点燃时汞蒸气压可达 10 个大气压以上，具有体积小、亮度高、可见光和紫外线能量辐射强等特点，可用作荧光显微镜、光学仪器及光刻技术的强光源。若将超高压汞灯的启动气体改成氙气，则可改善其启动性能，使之适用于火车头灯。

通电时，汞光灯管内蒸气就会电离并发光。

29. 您知道有些化妆品中含汞吗？

　　汞离子可以影响酶的活性，因而起到抑制黑色素生成的效果，这使得汞经常被用于美白化妆品中，以达到快速祛斑、美白的效果。早在 16 世纪，就有一种叫作"海藻红"的亮红色唇膏，实际上就是硫化汞。把它抹在嘴唇上，通常会与食物和饮料一起进入人体，引起致命的后果。又如"苏利曼水"是一种皮肤洗液，可以去除皮肤上的斑点，它其实就是用汞的升华物制成的，如果长期使用，也会造成致命危害。

现实生活中，有关化妆品中汞的问题屡见不鲜。以汞化合物为祛斑有效物的添加量通常是 3% ～ 5%（以 3% 添加量计算，超标就是 3 万倍），甚至更高，也就是每千克化妆品含汞化合物 30 ～ 50 g。事实上，只有这样的添加量，才能达到祛斑效果。目前，按照《化妆品卫生标准》（GB 7916—87）的规定，化妆品中汞的最高允许含量是 1 ppm（1 ppm 即每千克 1 mg），超过此含量，则产品不合格。

30. 您知道汞曾经被用作传统油漆中添加剂吗？

汞曾被用作油漆中的添加剂

由于含汞等化合物具有鲜艳亮丽的色彩及其特殊的性能，因此汞等重金属曾是油漆显色的主要成分，而且作为助剂加入涂料中可以提高油漆的干速和漆膜的硬度。例如，醋酸苯汞（PMA）和类似的汞化合物曾经被广泛地用在水性油漆中作为生物灭杀剂，这类化合物能通过控制罐内细菌发酵延长产品的保存期限（罐装防腐剂），并能在潮湿的条件下阻止真菌腐蚀漆面（杀真菌剂）。同样，溶解度极低的无机汞化合物过去也被用作船舶涂料和油漆的添加剂，该添加剂能防止由细菌和其他海洋生物造成的船体污垢。目前，汞等重金属在油漆或涂料中的使用已受到严格限制，例如，《室内装饰装修材料　内墙涂料中有害物质限量》（GB 18582—2008）中规定可溶性汞≤ 60 mg/kg，《建筑用外墙涂料中有害物质限量》（GB 24408—2009）中规定色漆和腻子中汞含量≤ 1 000 mg/kg。

31. 您知道汞曾经被用作农药吗？

有机汞农药是含有汞元素的有机化合物农药，由于杀菌力高、

杀菌谱广，多年来一直被应用于农业生产。如升汞（氯化汞）、甘汞（氯化亚汞）、赛力散（含醋酸苯汞）、谷仁乐生（含磷酸乙基汞）、富民隆（含磺胺苯汞）等，主要用于种子消毒和土壤消毒。由于有机汞农药一般性质稳定、毒性较大、在土壤和生物体内残留问题严重，许多国家已禁止生产和使用。

32. 您知道哪些工业用催化剂中含汞吗？

有些汞化物可用作工业催化剂使用

硫酸汞
氯化汞
苯汞基化合物

在化学反应中，能改变反应物化学反应速率（既能提高也能降低）而不改变化学平衡，且本身的质量和化学性质在化学反应前后都没有发生改变的物质叫催化剂。其中，固体催化剂也叫触媒。汞触媒其实是指将氯化汞作为催化剂在有机合成反应中使用。目前，在我国，氯化汞触媒广泛用于电石法聚氯乙烯（PVC）生产。此外，汞盐可作为催化剂，如硫酸汞（$HgSO_4$）可用于生产乙醛（20 世纪早期曾使用硫酸汞生产乙醛，如今乙醛已经可以通过无汞工艺进行生产，这种使用硫酸汞作催化剂的工艺已不再被使用）、1- 氨基蒽类染料 / 颜料等。

33. 您知道目前我国汞的最大用途是什么吗？

世界上大多数 PVC 的生产以天然气或石油为原料。然而，我国的 PVC 生产则主要以煤为原料，使用电石乙炔法生产。目前，我国每吨聚氯乙烯消耗氯化汞触媒平均约 1.2 kg（以氯化汞的平均含量 11% 计），以 2009 年我国电石法聚氯乙烯产量 580 万 t 计算，电石法聚氯乙烯行业使用汞触媒约 7 000 t，氯化汞的使用量约 770 t，汞的使用量约 570 t，是汞的最大"用户"。电石法聚氯乙烯使用的汞触媒由于汞升华及触媒中毒等原因活性下降到一定程度后需进行更换，失活的汞触媒称为废汞触媒。由于我国还未广泛使用低汞触媒替代和辅助技术，无汞触媒尚未应用，因此在电石法 PVC 生产过程中产生了大量的废汞触媒、含汞活性炭、含汞盐酸和含汞碱液，由于技术和经济原因人们很少对其进行回收，由此带来了突出的环境风险。

34. 您知道传统制碱需要汞电极吗？

氯气是现代塑料制造业的主要原料之一，可以通过电解氯化钠溶液的方法获得，所用的电解池是汞阴极电解池，即通常所说的卡士纳—克耳纳电解池（名称来源于它的发明者）。石墨作为阳极，汞作为阴极，电解液是氯化钠溶液，给电解池通上强大的电流，在阳极上就会有氯气放出。该电解池之所以用汞做阴极，是因为它很容易和电解出的钠形成汞齐。当电解池中的汞不能再吸收更多的钠时，就可以把汞齐取出来，提取出钠，使其与水反应后生成氢氧化钠。提纯后的汞可以循环使用，氢氧化钠则可以作为产品出售。

烧碱可以通过电解氯化钠溶液的方法获得。

35. 您知道过去聚氨酯生产需要汞吗？

因聚氨酯防水涂料具有优异的物理和化学性能，近年来被广泛用于各类建筑防水工程中。在大多数双组分聚氨酯防水涂料合成过程中，以使用含醋酸苯汞组分的有机金属催化剂居多。因此，聚氨酯的生产可能导致汞的排放。在发达国家，已经几乎没有工厂使用苯汞基化合物来生产聚氨酯，同时苯汞基化合物本身也不再被生产。

36. 您了解混汞法提取金银吗？

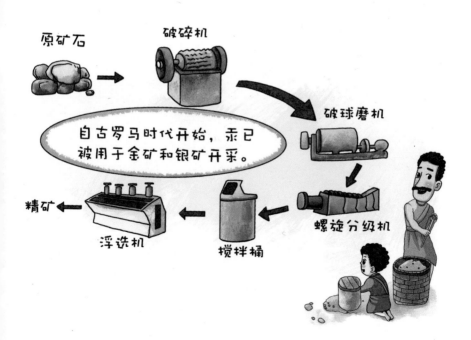

混汞法是使用汞捕集银矿石中的银、金使之与其他金属矿物和脉石分离而被提取的过程。汞对矿浆中的细粒金、银具有选择性润湿（捕集）作用，并与金、银生成汞齐合金，汞齐经蒸馏挥发分离汞后获得金、银。混汞法始于中国秦末汉初（公元前 200 年），后来传到欧亚各国，随着该提炼方法的改型——"Patio"工艺在西班牙属美洲殖民地被发明，该技术在美洲、澳大利亚、东南亚甚至英格兰被广泛地应用，从 16 世纪初到 19 世纪末曾是提取银的主要方法，后因汞严重污染环境已很少使用，仅作为重选、浮选、氰化法提银等方法的一种辅助手段。据有关研究资料测算，这种古老的工艺使得容易开采的金矿和银矿资源已几乎耗尽，在 1550—1930 年排放到生物圈中的汞量可能达到了 26 万 t。在此之后，混汞法工艺部分被更有效率的大型氰化法所替代，这使得从低品位矿石中提取金和 / 或银成为可能。

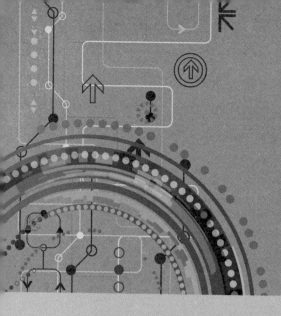

GONGWURAN WEIHAI YUFANG JI KONGZHI
ZHISHI WENDA

汞污染危害预防及控制 知识问答 ▪

第三部分
汞污染的主要来源及管理

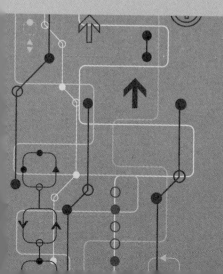

37. 您知道汞污染的人为来源都有哪些吗？

人为活动释放的汞是目前大气中汞的主要组分。

　　元素汞（Hg^0）具有较强的挥发性和较弱的水溶性，可通过大气长距离传输和远距离沉降，使汞的局地排放可能造成跨界污染，成为区域性问题，甚至对整个全球环境造成影响。汞被联合国环境规划署列为全球性污染物，是除温室气体外的唯一一种对全球范围产生影响的化学物质。人为活动释放的汞是目前大气中汞的主要组分，按来源主要区分为杂质汞的活化、汞提取和使用过程中的排放三类。杂质汞的活化主要包含燃煤电厂和以燃煤为动力的产业、其他以化石燃料为动力的产业、采矿活动以及其他从事原矿或回收矿提取工业产品的冶金活动（包括钢铁、锰、铁、锌、黄金等冶炼）、水泥生产、废物燃烧。其中化石燃料燃烧和垃圾焚烧释放进入大气的汞

约占人为大气汞释放量的 70%。据估计，由人类活动所造成的全球
汞排放量每年大约有 2 200 t，其中 500 t 来自发电厂。汞提取和使用
过程中的排放包括汞矿开采、小规模的金矿和银矿开采、氯碱生产、
含汞产品制造业（如温度计、压力计、电子产品等），以及使用荧光灯、
荧光仪器、牙的汞齐合金填充物等。

38. 您知道汞污染的自然来源有哪些吗?

大气中汞的自然来源包括火山与
地热活动、土壤释汞、自然水体释汞、
植物表面的蒸腾作用、森林火灾等。

　　汞在各种地质媒介中普遍存在，汞的自然释放并非人力所能
左右，我们必须将它视作居住环境的一部分。据估计，每年大约有
1 000 t 汞被从大自然释放到环境中。大气中汞的自然来源包括火山
与地热活动、土壤释汞、自然水体释汞、植物表面的蒸腾作用、森林
火灾等。有资料显示，地球大气中含有 2 500 t 汞金属，其中 1/3 来
自大自然。岩石和含汞矿物的风化分解释放出来的汞，以游离原子和

化合物的形式存在，且一般生成很难溶解的硫化汞（HgS），但可缓慢地经水中强氧化剂作用，逐渐形成氯化汞、硫酸汞和以游离态存在的汞等。此外，富集汞的矿所在地和含大量汞的温泉，也成为当地及周边区域汞的天然污染源。汞能够从水体和土壤表面再排放，这个过程大大增加了汞在环境中的总存留时间，并且使防止自然汞排放变得非常困难。

39. 您知道大气中汞的主要来源是什么吗？

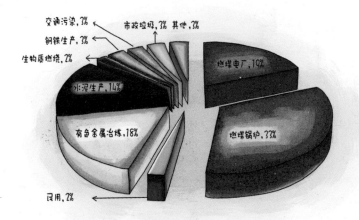

2007年中国主要行业大气汞排放占比

　　人为汞排放主要是工业活动所致。汞可以排放到大气、水体和土壤中，但目前只有排放到大气中的汞可以进行定量估算。2007年我国大气汞排放量估算至少为643 t。

　　排放到大气中的汞来源众多。我国是世界上最大的煤炭消费国，燃煤行业包括燃煤电厂和工业锅炉，占能源生产总量的75%，煤炭中汞成分的客观存在以及我国以煤炭为主的能源结构，使以燃煤电厂为代表的煤炭行业成为我国汞污染的最大排放源，占大气汞排放总量的 50% 以上。另外，大气汞排放的其他主要排放源还包括有色金属冶炼和水泥生产。因为矿石中伴生汞元素，所以有色金属冶炼行业包括锌、铅、铜和金等冶炼过程都将排放汞；而水泥行业成为主要的汞污染排放源之一，是因为汞是其生产过程中所使用原料和燃料的伴生元素。

40. 您知道水中汞的主要来源有哪些吗？

> 含汞废水是一种对环境污染严重的工业废水。

含汞废水是一种对环境污染严重的工业废水。在汞冶炼、铅锌冶炼、电化学等工业中均可能产生大量含汞废水，其中混汞冶炼、再生汞冶炼、氯碱工业、塑料工业、电子工业等生产排放的废水是水体中汞污染的主要来源。含汞废水具有汞浓度高、浓度波动较大、水量相对较小等特点，一直是含重金属废水处理领域的重中之重，开发简便、高效、易行的水处理技术以控制水体汞污染为我国目前亟待解决的问题之一。

41. 您知道含汞固体废物的来源有哪些吗？

含汞废物主要来自工业制造、生活垃圾、医疗垃圾等领域。工业制造领域的含汞废物主要包括聚氯乙烯生产过程中所产生的废汞触媒，汞法制碱行业所排放的含汞盐泥；生活垃圾中的含汞废物主要来自废弃荧光灯、水银体温计、含汞电池等；医疗垃圾中的含汞废物主要来自水银血压计、水银体温计、口腔科用银汞齐、部分品种中药和实验室试剂等。近年来，发达国家与发展中国家电子设备的使用出现了大幅上升趋势，有关电子设备方面的汞污染越来越受到重视。

据统计，1994—2003 年，共有约 5 亿台个人计算机到达使用寿命，5 亿台个人计算机内含约 287 t 汞。截至今日，电子废物中汞总量仍在增长，主要原因在于全球个人电子用品数量的增长导致电子废物呈上升趋势。

42. 您了解汞冶炼过程中汞污染来源有哪些吗？

　　汞冶炼过程中的污染来源主要包括：①含汞废气。汞矿开采冶炼活动是大气汞的一个重要的释放源。运用 Ferrara 等的释汞因子估算，近年来全世界汞矿开采释放的大气汞为每年 10 ~ 30 t（仅包括释放到大气中的汞），而历史时期所有的排放量总和约为 1 万 t。汞矿山活动停止后，矿区内残留的含汞废石、废渣以及污染的土壤，将持续通过气 - 固交换向大气中排放气态汞。②含汞废渣及废石。汞矿山活动会产生大量的废渣和废石，世界范围内的汞矿山，大部分矿区中大量固体含汞废物未得到妥善处理，废渣和废石在地表径流、风力传送及雨水淋滤等自然地质作用下，含汞物质不断向环境中渗滤扩散。③含汞废水。汞矿的地下开采极易产生坑道废水，它们在矿山闭坑后仍会不断向周围环境排放；而暴露于地表的固体废物，受地表外力地质作用的影响同样会产生大量的含汞废水。如我国贵州万山汞矿区，因长期受矿山废水的影响，矿区河流汞污染严重，周围生态系统受到了严重威胁。

43. 您知道电石法聚氯乙烯生产过程中汞污染来源有哪些吗？

　　汞是一种稀缺资源并具有一定的环境危害性，随着各种替代技术的应用，其供应量逐年减少，但电石法聚氯乙烯行业对汞资源的消耗却与日俱增。氯化汞催化剂（汞触媒）是造成电石法聚氯乙烯生产过程中污染环境的重要因素，除易升华流失外，还可随反应气经水洗进入废水后排出。从目前国内氯化汞催化剂使用情况看，催化剂中的氯化汞及氯化亚汞的质量分数一般在 10%～15%，而氯化汞的使用寿命为 9～12 个月，被更换下来的触媒中，氯化汞质量占 5%～7%，也就是说，有 50% 的氯化汞排入废气、废水和废渣中而无法回收。

44. 您知道电光源生产和使用过程中的汞排放吗？

　　目前普遍使用的传统荧光灯、室外高压汞灯等，都需要汞作为放电气体。从含汞电光源生产过程看，目前多采用注固汞和自动注液汞生产工艺。生产过程中汞的排放主要来源于两方面：一是注汞过程中部分汞挥洒后通过废气装置收集后，经过活性炭吸附处理后排放；二是生产过程中产生的废品、破损品回收荧光粉后的残留汞，以及吸附废气中汞之后的废活性炭等。此外，电光源企业生产过程中的车间地面和设备冲洗，也可能造成废水中的汞排放。

不同功能的含汞灯所含汞的量不同，有些荧光灯只含有 3.5 mg 汞，但是有些含量高达 60 mg。这些灯报废后，一旦破碎，所含的汞将进入环境造成污染。例如，一支 40W 的传统含汞荧光灯在常温下打碎，可瞬间使周围空气中的汞蒸气质量浓度高达 $10 \sim 20 \text{ mg/m}^3$。我国现在每年生产荧光灯约 10 亿支，假如按每支灯管含汞量为 30 mg 计，则每年用于荧光灯的汞约 30 t。虽然近年来荧光灯中汞含量已经稳定下降，但总量依然庞大。

45. 您知道干电池生产过程的汞排放吗？

　　汞在各种类型的电池中得到广泛使用，含汞电池也成为汞消耗的重要产品之一。目前，除特殊用途（如军事用途）的氧化汞电池能获得豁免外，氧化汞电池的市场贸易已被严格限制。电池生产车间，尤其是氧化汞电池生产车间的作业过程以及产品的不合格率是决定汞排放程度的重要因素。据美国国家环保局报道，某氧化汞电池生产厂利用阻留颗粒物纤维过滤器和木炭过滤器对车间内流通空气进行过滤处理后，生产过程中使用的汞仅有 0.1%（1g/kg）向大气排放。

46. 您知道含汞试剂生产过程的汞排放吗？

含汞试剂种类繁多，主要产品有氯化汞、氯化亚汞、醋酸汞、碘化汞、硫化汞等。其中，氯化汞的应用最为广泛，除被用作 PVC 生产的触媒外，也被用作电池中的去极剂以及医药中的防腐杀菌剂、染色的媒染剂、木材的防腐剂和照相乳剂的增强剂等。生产含汞试剂的主要原料是粗汞，也有少量精汞，平均汞含量 90% ～ 99.999%。含汞试剂生产过程会有含汞废水、含汞废气及含汞固体废物产生和排放。

含汞废水主要来源于湿法工艺产生的有机含汞废水、无机含汞废水、冲洗车间和设备水等，其处置方式包括经处理后排放或循环利用等；含汞废气主要来源于干法工艺产生的废气，其处置方式包括无净化设备直接排放、净化处理后排放等；含汞固体废物主要来源于反应残渣、废水处理后产生的含汞污泥、吸附废气用含汞活性炭，其处置方式为填埋、堆存、回收再利用或交有资质企业进行处理等。

含汞试剂生产行业管理重点是减少汞的无组织排放，如采用密闭式生产、加强含汞废气收集与处理、加强含汞废气排放的环境监督性监测等。

47. 您知道传统混汞提金过程中的汞排放吗？

混汞提金过程中汞可经多种途径排放到空气、水、底泥和土壤中，如提取过程中汞—金共融物在纯化阶段的加热过程中可以汞蒸气形式直接排放到空气中，而尾矿中的汞如果处理不当也可向土地、水和空气中缓慢释放造成污染。尽管这种提取工艺简单而廉价，但从金的回收率和汞的阻留率综合来看其效率并不高，且这种工艺会对周边区域造成严重的汞污染。

48. 您知道含汞医疗器械生产过程中的汞排放吗？

含汞医疗器械生产过程中最重要的潜在汞排放源是汞的纯化和转移、汞填充以及汞的加热排出（蒸发）等过程。

汞

制造含汞压力计、血压计和温度计的过程中，汞向水体、大气和土壤的排放取决于制造系统的密封程度和各生产单元的操作及车间管理水平。一般通过防泄漏程序、局部排气通风、降低温度以降低蒸气压、稀释通风，以及隔离操作等方法来控制汞的纯化和转移过程的蒸气挥发。控制这些工序的汞排放具有一定的难度，生产过程中无法完全避免汞的排放。最重要的潜在汞排放源是汞的纯化和转移、汞填充以及汞的加热排出（蒸发）等过程。因水银对环境造成的危害极大，《水俣公约》提出 2020 年将禁止生产、进口和出口含汞的产品，这意味着某些含汞医疗用品（如含汞体温计、含汞血压计等）将逐渐被电子体温计和电子血压计替代。

49. 您知道化石燃料燃烧过程中的汞排放吗？

　　化石燃料燃烧过程中，汞的排放（主要是汞在燃烧过程中遇热以气体形态排放）取决于燃料中汞的含量，以及所采用的减排系统。其中，预洗法可以去掉燃料（如煤）中的部分汞，而烟道脱硫、脱氧化氮和颗粒物阻留的后燃烧设备可以阻留部分本来可能会排放的汞。化石燃料燃烧过程汞的排放主要来自废气排放、固体焚烧残渣和烟道气净化残渣（和其他含汞废物一样，固体残余物质也会造成汞在未来的排放，其排放规模取决于控制措施是否有效）、废水排放（烟道气湿式洗涤或煤的预洗，可向水中排放少量的汞）。

化石燃料燃烧过程汞的排放主要来自：

① 废气排放；

② 固体焚烧残渣和烟道气净化残渣；

③ 向水中排放的少量的汞。

50. 您知道有色金属冶炼过程中的汞排放吗？

　　有色金属矿石（主要是硫化锌矿）一般都含有痕量的汞，从矿石中提取金属时，除非采用专门工艺来捕集汞，否则汞会随提取过程的蒸气或随湿式（液体）处理流体排放到大气、土壤和水体环境。实际生产中，残余的汞可通过异位提取或在线处理生成甘汞（Hg_2Cl_2）出售，或者以固体或污泥状残渣堆放储存。以某锌冶炼厂为例，约 7% 的汞随烧结矿进入锌提炼工艺、约 93% 的汞在烧结过程中进入气体（其中，估计仅有 24% 的汞被静电过滤尘所阻留，余下的 69% 随气体进入制酸设施，分布在 Hg/Se 洗涤污泥、硫酸产品和酸纯化废水中）。

51. 您知道钢铁冶炼过程中的汞排放吗？

钢铁冶炼过程中也会产生汞排放，其排放来源包括将原料转化为高炉燃料的烧结设施、生产钢的高炉，以及碱性氧气炼钢工艺（BOP）熔炉等。在钢铁冶炼过程中，决定汞排放的主要因素是不同进料（尤其是矿石／浓缩物和石灰）中的汞含量，主要排放和受纳介质是大气。研究表明，平均大约有 93.3% 的汞以 Hg^0 的形式排放，剩下的汞几乎都是以氧化汞（Hg^{2+}）的形式排放，而 70% ～ 80% 的氧化汞可通过湿式洗涤器来收集（约占所有汞的 5%）。

52. 您知道水泥生产过程中的汞排放吗？

汞作为微量元素，同原料（石灰质原料、黏土质原料、辅助原料）和燃料（如煤）一起进入水泥生产流程中，主要输出途径是向大气的排放（原料中的大多数汞会在锻烧阶段于窑中挥发，也可能在干燥和预热阶段就排放出来）、水泥产品中的痕量含量。据有关研究估算，我国水泥行业汞年排放量为 89 ～ 144 t，是继燃煤和有色金属冶炼之后的第三大汞排放源。影响汞排放的重要因素包括所处理的原料量、原料中的汞含量、熟料和生产的水泥量、燃料的量和类型，以及设施所燃用的每种燃料中的汞含量等。

53. 您知道火化与殡葬行业中的汞排放吗？

火化是很多国家普遍采用的一种遗体处理方式，火化过程可能产生汞的排放。其中，大量排放来自含汞的补牙剂，少量来自含汞的人体组织，如血液、头发等。空气是火化过程汞排放最主要的受纳介质，由于火化涉及高温过程，且大部分焚尸炉缺乏对汞排放的控制，所以汞经由烟囱向大气排放。尽管某些焚尸炉采用了有效的排放控制措施，但仍有相当部分的汞可能被阻留在飞灰或其他残余物中。

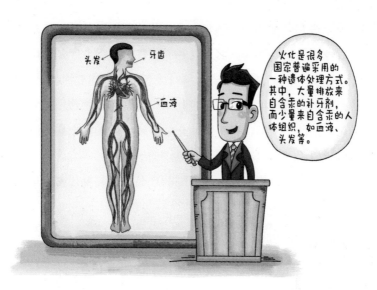

54. 您知道含汞废物焚烧过程中的汞排放吗?

含汞废物的焚烧主要包括城市／普通废物的焚烧、危险废物的焚烧、医疗废物的焚烧等。其中，城市／普通废物主要是民用（家庭和机构产生的）垃圾，其中可能因材料或各种设计需要而含有汞的成分，含汞量微小但数量很大；危险废物中可能含有故意使用的汞成分（如杀虫剂、油漆、药品、有机汞化合物）或一般的汞杂质；医疗垃圾通常是指来自医院等机构的有卫生风险的废物，其中含有为满足医用需求而添加的汞（温度计、电池、制药产品、牙科补牙材料等）以及一般的汞杂质。

55. 您知道含汞废气是如何处理的吗？

国内净化汞蒸气常用吸收法、吸附法、气相反应法等。

目前，国内净化汞蒸气常用吸收法、吸附法、气相反应法、冷却法及联合净化法、硫酸软锰矿净化法、漂白粉净化法、多硫化钠净化法及碘络合法等污染控制技术等。对于有色金属冶炼、钢铁冶炼、水泥生产等行业，还采用波利顿 - 挪威锌脱汞法、奥托昆普法（硫酸洗涤法）、挪威 MILTEC 除汞工艺、硫化物气相沉淀法等方法；对于燃煤行业可采用低氮燃烧技术、炉膛喷入吸附剂、增设烟气除尘设施、配套烟气脱硫设施、烟气脱硝设施等方法。

56. 您知道含汞废水是如何处理的吗？

　　排入水体中的汞及其化合物，经物理、化学及生物作用形成各种形态的汞，甚至会转化成毒性很大的甲基类化合物。含汞废水的危害问题早已被人们所认识，并已开发出多种物理和化学的处理方法，传统处理方法主要有化学沉淀法、金属还原法、活性炭吸附法、离子交换法、电解法、微生物法等，但是这些方法依然存在许多弊端而制约了其广泛的工业应用。目前，针对含汞废水的物理和化学的处理方法大多是针对无机汞的，针对有机汞的处理方法尚处于研究阶段。

57. 您知道含汞固体废物是如何处理的吗?

低浓度含汞固体废物（低于260 mg/kg）
采取萃取技术或固化技术，
而对于高浓度含汞固体废物（高于260 mg/kg），
采取热修复（比如焙烧/蒸馏）、
固化-稳定化技术。

　　化学工业含汞废物的产生量最多，约占 50% 以上。含汞废物来自不同的生产系统，其含汞量因行业与工艺而异，如水银法制碱排放的含汞盐泥中汞的含量为 300 mg/L，从电解槽扫除室定期打捞出的汞渣中汞的含量约为 90% 以上；合成氯乙烯工业定期更换下来的触媒含 $HgCl_2$ 4% ～ 5%。因此，妥善处理含汞废物并从中回收汞具有重要意义。目前，国内外主要采用焙烧法回收汞，固化 - 稳定化技术、固相电还原技术、低温热解析技术也常用于含汞废物的处理及资源化回收。美国国家环保局规定，对于低含量含汞固体废物（低于 260 mg/kg）采用萃取技术或固化技术，对于高含量含汞固体废物（高于 260 mg/kg）采用热修复（比如焙烧 / 蒸馏）、固化 - 稳定化技术。

58. 您知道废汞触媒是如何处理的吗？

废汞触媒处理技术主要包括以下 3 种：①利用废汞触媒为原料，火法冶炼回收再生汞。先将废汞触媒进行化学预处理，使 $HgCl_2$ 转化为 HgO，然后再将其置于金属罐内，加热使之分离，变为汞蒸气，经冷凝回收金属汞。②以废汞触媒为原料，化学活化、回收生产"再生汞触媒"。③控氧干馏法回收废触媒 $HgCl_2$ 及活性炭，利用 $HgCl_2$ 高温升华且其升华温度低于活性炭焦化温度的原理，在负压密闭和惰性气体气氛环境下，通过干馏实现 $HgCl_2$ 和活性炭同时回收。

59. 您知道含汞盐泥是如何回收处理的吗？

目前，含汞盐泥主要通过氧化熔出法和氯化—硫化—焙烧法进行处理。氧化熔出法是将饱和盐水加入含汞泥浆中，并在温度为

50～55℃、pH 为 11～12 的条件下反应 40～50 min，使不溶性汞转化为可溶性汞从而溶于盐水中，然后将过滤后的清盐水加入精盐水系统中，在电解槽阴极上还原为金属汞，通过该方法处理后的盐泥含汞量约 100 mg/kg。氯化—硫化—焙烧法是把盐酸加入洗盐后的含汞泥浆中，然后通入氯气使沉淀的汞转化为可溶性汞化合物，沉降分离后的清液用亚硫酸钠除去游离氯，加硫化钠使汞离子变为硫化汞，硫化汞在焙烧炉内焙烧蒸出汞，冷却回收得到金属汞。

60. 您知道废旧荧光灯管是如何回收处理的吗？

目前，我国废旧荧光灯管回收处理主要有"直接破碎分离"和"切端吹扫分离"两种工艺。"直接破碎分离"工艺的特点是结构紧凑、

占地面积小、投资少，但荧光粉无法再利用，该方法适用于回收价值低的荧光灯。如我国直荧光灯管所用荧光粉主要成分为卤磷酸钙，回收价值低，宜采用"直接破碎分离"工艺。对于回收利用价值高的荧光灯，宜采用"切端吹扫分离"工艺，可有效地将稀土荧光粉分类收集回收再利用，但投资较大。节能灯管大多采用照明效率高的稀土荧光粉原料，考虑到稀土的利用价值较高，宜采用"切端吹扫分离"工艺。

61. 您知道废含汞化学试剂是如何处置的吗？

常见的碘化汞、溴化汞、硫酸汞、硝酸汞、氰化汞、水杨酸汞、汞溴红、硫柳汞、对氯汞苯甲酸等废含汞化学试剂的处置方法因化合物不同而不同。例如，碘化汞（HgI_2）的常用处置方法是将碘化汞放入专用容器中，加入一定量氢氧化钠碱溶液和甲醛（HCHO 或 CH_2O），在适量的明胶催化下，经化学反应后生成液态金属汞、碘化钠溶液（NaI）和水，析出无色无毒晶体甲酸钠（HCOONa），再经过滤将甲酸钠晶体和液态汞分离；溴化汞（$HgBr_2$）的常用处置方法是将溴化汞放入专用容器中，加入一定量双氧水（H_2O_2）和氢氧化钠溶液，在适量的明胶催化下，经化学反应后生成液态金属汞、溴化钠（NaBr）溶液、水和氧气，经分离提取金属汞；硫酸汞（$HgSO_4$）的常用处置方法是将硫酸汞放入专用容器中，加入一定量锌粉（Zn）或铁粉（Fe），充分搅拌使其均匀反应，生成硫酸锌（$ZnSO_4$）和液态金属汞或硫酸亚铁（$FeSO_4$）和金属汞。

62. 您了解含汞污染土壤的修复技术吗？

国内外汞污染土壤的治理修复技术主要包括稳定化固化技术、固定化技术、玻璃化技术、热脱附技术、纳米技术、土壤淋洗技术、电位修复技术、植物稳定化技术、植物提取技术和植物挥发技术。一般来讲，汞污染土壤的提取处理技术适用于汞含量大于 260 mg/kg 的废物，稳定化技术适用于汞含量小于 260 mg/kg 的废物。

63. 您知道含汞污染场地治理技术有哪些吗？

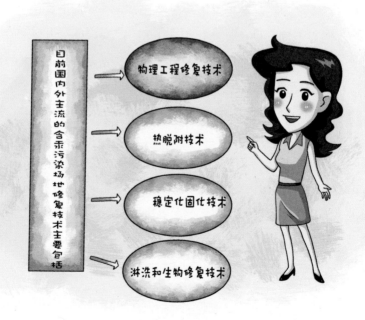

目前国内外主流的含汞污染场地修复技术主要包括

- 物理工程修复技术
- 热脱附技术
- 稳定化固化技术
- 淋洗和生物修复技术

目前国内外主流的含汞污染场地修复技术主要包括物理工程修复技术、热脱附技术、稳定化固化技术、淋洗和生物修复技术，每种技术有不同的优缺点和各自的使用领域。含汞污染场地修复技术方案的确定首先需要考虑场地现状、委托业主要求、开发计划、处置成本以及处置技术成熟可靠度等因素，在此基础上确定处置工艺和参数，以确保含汞污染场地修复达到目标值。

64. 您知道大气沉积是汞污染的重要来源吗？

虽然化石燃料燃烧、金矿和汞矿开采、有色金属冶炼、废物焚化等工业活动极大地提高了某些地区的汞浓度，但是大气沉积是绝大多数地区中最主要的汞来源。20世纪80年代后期，人们在没有人为污染源的北美和北欧偏远地区的湖泊鱼体中陆续发现了汞含量超标的现象，大气汞经长距离传输后在这些地区沉降是造成其汞污染的主要原因。

65. 您知道大气中汞可长距离转移吗？

作为环境中汞的重要传输通道，大气在全球汞的生物地球化学循环中起着极其重要的作用，可使汞分布于地球最偏远的地区。大气中的汞可长距离转移：汞蒸气（汞在36℃就开始蒸发，温度越高，蒸发越快）是一种化学上很稳定的单原子气体，大气中的汞可以随着大气环流迁移到很远的地方。在大气层上部，汞蒸气经尚未完全了解的过程氧化成水溶性离子汞，水溶性离子汞随雨水返回到地球表面，而沉降于地表水中的汞可通过复杂的循环过程而转换成其他形式。

66. 汞的形态转化是如何影响汞在大气中的停留时间及迁移距离的？

　　形态转化对于汞排放入空气的可控性非常重要。举例来说，一些控制装置（如湿法除尘器）可适度截获无机汞化合物（如氯化汞），然而对于多数排放控制装置来说，元素汞的捕获量往往很低。这是由于 Hg^0 具有极低的水溶性和干沉降速率，很难通过干湿沉降被清除；然而，占大气汞很低比例的活性气态汞和颗粒汞则极易发生沉降。大气中汞的形态转化对汞的全球生物地球化学循环起着极其关键的作用，不同形态汞的转化直接决定着汞在大气中的停留时间及迁移距离。吸附于颗粒物上的汞及汞离子（如二价）主要沉降在附近的地面上及水中（局部到地域性距离），而元素汞蒸气可在半球/全球范围内传输。"极地日出汞损耗现象"即是典型的例子：在极地，元素汞到二价汞的转换受太阳活动增加及冰晶出现的影响，约3月到6月汞的沉积大幅增长。此外，颗粒物对汞的吸附和解吸同样影响着大气汞的干湿沉降速度，原因是大气颗粒物的存在能够在很大程度上影响大气汞的化学反应，如气溶胶对 Hg^{2+} 的吸附能够加速其还原反应的进行。森林生态系统也能够在很大程度上增加大气汞的湿沉降通量，这是因为植被叶片所吸附的大量颗粒汞和活性气态汞会跟随植物进入地表生态系统。

67. 您知道汞在水体中是如何输入、输出的吗？

水体中各种汞形态的输入源包括河流及地表径流、地下水、沉积物中汞的再悬浮和向水体的扩散、大气汞干湿沉降以及汞形态的相互转化，输出源主要包括河流、颗粒态汞的沉降、气态汞的扩散、生物的吸收以及向其他形态汞的转化。研究表明，在湖泊、水库以及海湾系统中，水体汞源主要来自河流输入或大气汞沉降，但在一些沉积物遭受严重污染的水体中，沉积物的重新悬浮和释放是水体汞重要的输入源；输出源则主要是颗粒态汞的沉降，绝大部分的汞都滞留在沉积物中。

68. 您知道什么是汞的甲基化吗？

天然水体中的有机汞主要为甲基汞和二甲基汞两种形态，它们都是由二价无机汞通过各种甲基化途径而形成的。甲基汞是对人类和动物的影响较为重大的一类汞存在形态。在分层水体中，甲基汞主要来自水体汞自身的甲基化或沉积物甲基汞的释放；在湖泊或海湾系统中，甲基汞的减少通常是甲基汞的去甲基化过程以及向沉积物的沉降。大量的研究表明，硫酸盐还原细菌是主要的汞甲基化细菌，其甲基化主要是在厌氧条件下进行；相反，在好氧环境中则有利于去甲基化的进行。汞的甲基化除受到微生物条件以及氧化还原条件两个关键因子的影响外，还受到如温度、pH、可利用的活性汞浓度、S循环、有机质等其他众多环境因子的影响。

69. 您知道水体中汞的迁移转化吗？

汞在水体中的迁移转化过程几乎包括水体中各种已知的物理、

化学及生物过程，各迁移转化过程同时发生、综合作用。可概括为：溶解态和悬移态汞在水体中的扩散迁移过程，沉积态汞随底质的推移过程，溶解态汞吸附于悬浮物和沉积物后向固相迁移过程，悬移态和沉积态汞向间隙水溶出而重新进入水体的释放过程，悬移态汞沉淀、絮凝、沉降过程，沉积态汞再悬浮过程，生物摄取、富集、微生物及生物甲基化等生物过程，水体中汞通过水面向空气中迁移的气态迁移过程等。

70. 您知道什么是汞的生物态累积吗？

汞的生物态迁移过程，实际上主要是甲基汞的迁移与累积过程，这与无机汞在空气、水中的迁移完全不同，它是一种危害人体健康与威胁人类安全的生物地球化学流迁移。水体中汞的生物态迁移量是有限的，但由于在微生物的参与下，沉积在水中的无机汞能转变成剧毒的甲基汞，并且沉积物中生物合成的甲基汞能连续不断地释放到水体中。甲基汞具有很强的亲脂力，这对水生食物链而言无疑是个坏消息，因为大动物每次吃掉小动物，它同样会把猎物体内的汞吞入腹中并蓄积到脂肪中去。这也就是鲨鱼、旗鱼、鲭鱼、方头鱼、长鳍金枪鱼等大的捕食性鱼类受汞污染如此严重的原因。因此，水中微量的甲基汞在被水生生物吸收后，通过生物链的放大作用最终威胁人类的健康与安全。

71. 您知道汞在土壤环境中是如何积累富集的吗？

由于土壤的黏土矿物和有机质对汞的强烈吸附作用，汞进入土壤后，95% 以上能被土壤迅速吸附或固定，因此汞容易在土壤表层积累。其积累的原因为：①土壤中的黏土矿物带有负电荷，可以吸收

以阳离子形态存在的汞，而以阴离子形态存在的汞也能被黏土矿物吸附。②腐殖质是一些含有芳香结构的化合物，通过含酚羟基、羧基、羟基醌、烯醇基、磺酸基、氨基、醌基、甲氧基等反应基团的作用，汞被腐殖质螯合或吸附，一般来说，土壤腐殖质含量越高，土壤吸附汞的能力越强。③土壤环境有利于无机和有机汞化合物的形成，这些化合物与有机阴离子形成联合体，在很大程度上控制了土壤中汞的流动性。由于以上原因，汞容易在土壤表层积累，并且可能在很长一段时期甚至长达几百年间仍会继续排放到地表水和其他媒介。

72. 您知道汞在植物中是如何迁移富集的吗？

高浓度大气汞的条件下，植物会通过叶面吸收少量大气汞并在体内富集，对大部分汞的吸收主要是通过根来完成的。汞在植物各部分的分布一般是根＞茎、叶＞种子。这种趋势是由于汞被植物吸收后，常与根上的蛋白质反应沉积于根上，阻碍了向地上部分的运输。很多情况下，汞化合物在土壤中先转化为金属汞或者甲基汞后才能被植物吸收，这是因为植物吸收和积累与汞的形态有关，其顺序为：氧化甲基汞＞氧化乙基汞＞醋酸苯汞＞氧化汞＞硫化汞。从这个顺序可以看出，挥发性高、溶解度大的汞化合物容易被植物吸收。

73. 您了解汞污染防治技术政策吗？

　　为了防治环境汞污染、保障生态安全和人体健康、规范汞污染治理和管理行为、引领涉汞行业生产工艺和污染防治技术进步、促进行业的绿色循环低碳发展，2016 年 1 月环境保护部发布了《汞污染防治技术政策》，主要包括涉汞行业的一般要求、过程控制、大气污染防治、水污染防治、固体废物处理处置与综合利用、二次污染防治、鼓励研发的新技术等内容。涉及的行业主要有原生汞生产、用汞工艺

（主要指电石法聚氯乙烯生产）、添汞产品生产（主要指含汞电光源、含汞电池、含汞体温计、含汞血压计、含汞化学试剂），以及燃煤电厂与燃煤工业锅炉、铜铅锌及黄金冶炼、钢铁冶炼、水泥生产、殡葬、废物焚烧和含汞废物处理处置等汞排放工业过程。政策对以上行业应采用的技术、鼓励采用的新技术及研发方向都做出明确的要求。

74. 您了解荧光灯汞减排技术路线图吗？

逐步降低荧光灯含汞量时间表

阶段	时间	产品		目标值/mg	与现行标准比含汞量削减
1	2013年12月31日止	紧凑型荧光灯	功率≤30W	1.5	70%
			功率>30W	2.5	50%
		长效荧光灯		4.0	50%
		其他荧光灯	管径≤17mm	2.5	75%
			管径>17mm	3.0	70%
2	2014年12月31日止	紧凑型荧光灯	功率≤30W	1.0	80%
			功率>30W	1.5	70%
		长效荧光灯		3.0	80%
		其他荧光灯	管径≤17mm	1.5	63%
			管径>17mm	2.0	80%
3	2015年12月31日止	紧凑型荧光灯	功率≤30	0.8	84%
			功率>30	1.0	80%
		长效荧光灯		2.5	69%
		其他荧光灯	管径≤17mm	1.0	90%
			管径>17mm	1.5	85%

注：1.紧凑型荧光灯俗称节能灯，长效荧光灯指寿命大于25 000 h的双端荧光灯；
2.含汞量削减目标值与现行产品标准《照明电器产品中有毒有害物质的限量要求》（QB/T 2490—2008）。

我国是荧光灯的生产和出口大国，荧光灯行业发展面临减少汞用量的巨大压力。减少生产过程汞排放并逐步降低荧光灯含汞量，是保护环境、维护人体健康的需要，也是促进产业转型升级、实现可持

续发展的必然要求，我国将逐步降低荧光灯含汞量。实施方案的基本
思路是：围绕荧光灯产品及其制造过程低汞化目标，以减汞技术创新
为基础，淘汰落后生产工艺与推广应用先进低汞技术相结合，加强政
策标准引导，充分发挥市场机制作用，分阶段逐步降低荧光灯产品含
汞量。

75. 您知道汞的环境质量标准吗？

领域	标准名称	发布机构	标准限值
大气	《环境空气质量标准》(GB 3095-2012)	环境保护部 国家质量监督检验检疫总局	汞的参考浓度限值为年平均0.05 ug/m³。
水	《地表水环境质量标准》(GB 3838-2002)	国家环境保护总局 国家质量监督检验检疫总局	一、二、三、四、五类水体汞标准限值分别为0.00005mg/L、0.00005mg/L、0.0001mg/L、0.001mg/L和0.001mg/L。集中式生活饮用水地表水源地甲基汞标准限值为1.0×10-6mg/L。
水	《生活饮用水卫生标准》(GB 5749-2006)	中华人民共和国卫生部和中国国家标准化管理委员会	汞浓度不得超过0.001mg/L。
土壤	《土壤环境质量标准》(GB 15618-1995)	国家环境保护局 国家技术监督局	一级标准值为汞≤0.15mg/L。二级标准值为汞≤0.30mg/L (pH<6.5)、≤0.50mg/L (pH 6.5~7.5)、≤1.0mg/L (pH>7.5)。三级标准值为汞≤1.5mg/L(pH<6.5)。

　　人在大气汞质量浓度为 1.2 ～ 8.5 mg/m³ 的环境中很快会出现中
毒症状。即使空气中汞的含量较低，长期暴露积累也可能出现肾损伤。
《环境空气质量标准》（GB 3095—2012）的附录中规定了环境空气中

部分污染物参考质量浓度限值，其中汞的参考质量浓度限值为年平均 0.05 μg/m³。

76. 您了解汞排放标准吗？

领域	标准名称	发布机构	标准限值
大气	《工业窑炉大气污染物排放标准》(GB 9078-1996)	国家环境保护局	1997年1月1日前安装的用于金属熔炼的工业炉窑一级标准的最高允许汞排放浓度为0.05mg/m³，其他工业炉窑一级标准的最高允许汞排放浓度为0.008mg/m³。1997年1月1日起新、改、扩建用于金属熔炼和其他工业炉一级标准禁止排汞。
大气	《火电厂大气污染物排放标准》(GB 13223-2011)	环境保护部 国家质量监督检验检疫总局	火力发电锅炉及燃气轮机组中燃煤锅炉的汞及其化合物排放限值为0.03 mg/m³。
大气	《大气污染物综合排放标准》(GB 16297-1996)	国家环境保护局	现有污染源汞及其化合物最高允许排放浓度为0.015mg/m³，无组织排放监测点浓度限制为0.0015mg/m³。新污染源汞及其化合物最高允许排放浓度为0.012mg/m³，无组织排放监测点浓度限制为0.001 2mg/m³。
大气、水	《铅、锌工业污染物排放标准》(GB 25466-2010)	环境保护部 国家质量监督检验检疫总局	现有铅、锌工业企业烧结、熔炼工序污染物净化设施排放口监测的大气中汞及其化合物排放限值为1.0mg/m³，新建企业排放限值为0.05mg/m³。现有企业水污染物排放浓度限值汞为0.05mg/L，新建企业排放限值为0.03mg/L。

　　为防治环境汞污染，我国于"十三五"初期就已将汞列入了5种优先管控的重金属之一。目前，我国《大气污染物综合排放标准》《火电厂大气污染物排放标准》以及多项涉汞行业标准等均对汞排放进行了限值规范要求。

77. 您知道有关食品、化妆品中有关汞的标准吗？

针对食品、化妆品等国家有关部门颁布了多项产品中汞的含量标准。

《食品安全国家标准 食品中污染物限量》（GB2762-2017，2017年9月实施）		
食品类别（名称）	限量（以Hg计）mg/kg	
	总汞	甲基汞
水产动物及其制品（肉食性鱼类及其制品除外）	—	0.5
肉食性鱼类及其制品	—	1.0
谷物及其制品 稻谷b、糙米、大米、玉米、 玉米面（渣、片）、小麦、小麦粉	0.02	—
蔬菜及其制品 新鲜蔬菜	0.01	—
食用菌及其制品	0.1	—
肉及肉制品 肉类	0.05	—
乳及乳制品 生乳、巴氏杀菌乳、灭菌乳、调制乳、发酵乳	0.01	—
蛋及蛋制品 鲜蛋	0.05	—
调味品 食用盐	0.1	—
饮料类 矿泉水	0.001 mg/L	—
特殊膳食用食品 婴幼儿罐装辅助食品	0.02	—
《化妆品安全技术规范》（2015年版）中规定，化妆品中有害物质汞的限值为1 mg/kg（含有机汞防腐剂的眼部化妆品除外）。		

GONGWURAN WEIHAI YUFANG JI KONGZHI
ZHISHI WENDA

汞污染危害预防及控制 知识问答.

第四部分
汞的危害

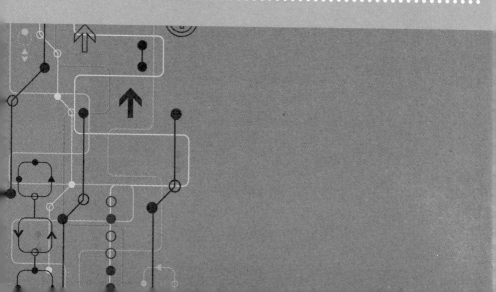

78. 您知道汞的神经毒性吗？

汞有很强的神经毒性，即使是低水平暴露也会损害神经系统，尤其是胎儿和儿童的神经系统。主要表现为精神和行为障碍，例如，出现感觉异常、智能发育迟缓、语言和听觉障碍等临床症状。甲基汞和汞蒸气尤其有害，在低浓度状态下，可以直接诱导突触核蛋白纤维的形成，该纤维是大脑黑质中多巴胺神经元细胞内蛋白质包涵体的主要成分，会导致帕金森综合征。汞还与蛋白质的巯基和氨基酸中的二硫基结合，导致硫的失活，从而阻断相关的酶和激素辅助因子。除此之外，汞通过结合巯基能改变细胞膜的通透性。

79. 您了解汞的生殖和发育毒性吗?

　　早在 20 世纪 70 年代初各国政府就已建议减少食用汞污染鱼类。如果体内甲基汞浓度很高则妇女将无法受孕,即使怀孕也会导致胎儿流产或死亡,以及婴儿会出现严重的神经损伤症状。人群流行病学调查资料显示,汞可导致女性月经周期紊乱,无排卵期延长,并影响卵巢功能。此外,有机汞和无机汞还可以降低有活力精子的百分数。

80. 您知道汞的免疫毒性吗?

免疫系统在宿主防御机制中起非常重要的调控作用。

汞除可引起中枢神经系统不可逆损伤外，还具有较强的免疫毒性。免疫系统作为人体对抗外来侵害的重要器官，在抗感染、抗肿瘤等多方面起主要作用，免疫系统的损伤可带来对肿瘤和传染性疾病的易感性增高以及引发免疫功能紊乱等严重后果。汞可通过不同的方式作用于免疫系统，包括引起免疫细胞凋亡、改变细胞因子表达和细胞内钙浓度引起免疫功能异常、对非特异免疫抑制以及引发系统性自身免疫疾病等。

81. 您知道汞危害的易感人群有哪些吗？

一般来说，有两个群体对汞更为敏感，第一个易感群体是胎儿。

第二个易感群体是经常（长期）接触高浓度汞的人群。

一般来说，有两个群体对汞更为敏感。第一个易感群体是胎儿，胎儿在子宫中接触甲基汞是由于母亲食用被汞污染的鱼和贝类造成的。甲基汞对健康的主要影响是损害神经发育，胎儿期接触甲基汞可使认知能力、记忆、注意力、语言以及良好的运动和视觉空间技能等受到影响。第二个易感群体是经常（长期）接触高浓度汞的人群，如靠渔业自给自足者或职业接触者。在特定的靠渔业自给自足人口中，每千人中就有 1.5 ～ 17 名儿童显示因食用含汞鱼类造成认知损伤（轻度精神发育迟滞）。

82. 您知道人体的汞暴露途径吗？

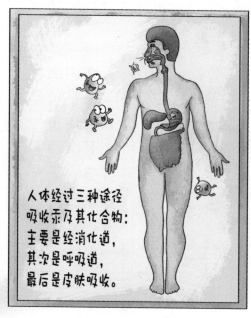

人体经过三种途径吸收汞及其化合物：主要是经消化道，其次是呼吸道，最后是皮肤吸收。

　　人体可经过消化道、呼吸道和皮肤三种途径吸收汞及其化合物，其随我们呼吸污染的空气、饮用污染的水、食用污染的食物或者皮肤有所接触（即吸入、摄取或皮肤吸收）而进入人体内。一般而言，有机汞化合物易被肠道吸收。对于无机汞来说，离子型和金属型在肠道的吸收率较低。金属汞主要以蒸气形式经呼吸道进入人体，而汞蒸气经肺泡吸收率很高（肺泡吸收的汞量占吸入汞量的 75% ～ 80%）。在意外事故中，如体温计破损等，金属汞也可经皮肤进入人体内（汞较富于脂溶性，通过皮肤可达到某种程度的吸收而呈现毒性）。汞化合物侵入人体被血液吸收后，可迅速弥散到全身各器官。

83. 您知道汞在人体内的吸收、代谢和排泄吗？

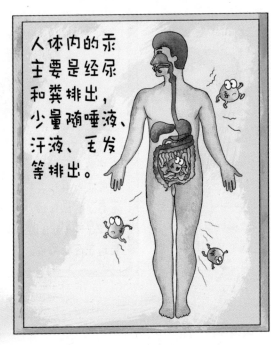

元素汞主要通过呼吸道被吸收（生物利用率接近 100%），但很难经消化道吸收。汞盐及有机汞易被消化道吸收。吸收后的汞及其化合物先集中到肝，后转移至肾；可透过血脑屏障和胎盘，并可经乳汁分泌。汞主要经尿和粪排出，少量随唾液、汗液、毛发等排出。

84. 您知道汞对人体具有可怕毒害作用的原因吗？

汞具有其他金属所不具备的特点，是一种非常有用的金属，在人类的日常生产生活中可谓无处不在。但在其有用的背后，却也隐藏

着可怕的另一面，汞是环境中毒性最强的重金属元素之一，对人类和高等生物具有极大危害性。由于汞的毒性具有持久性、生物累积性和神经毒性，它已被多个国际机构列为重点污染物。

汞本身的剧毒性缘于它能使人体中的酶失去活性：血液与组织中的汞可与蛋白质及酶系统中的巯基结合，抑制其功能，甚至使其失活；高浓度的汞还可与酶中的氨基、羟基、磷酰基、羧基等结合，引起相应的损害；汞可通过钙离子而激活细胞内的磷脂酶，分解细胞内的磷脂，生成花生四烯酸与氧自由基等而损害其功能；汞与体内蛋白结合后可由半抗原成为抗原，引起变态反应，出现肾病综合征，高浓度的汞还可直接引起肾小球免疫损伤。

85. 您知道甲基汞的毒性吗？

汞及其化合物毒性都很大，有机汞较其相应的无机形态毒性大很多，其中甲基汞的毒性最大，是无机汞的数百倍。甲基汞易于通过血脑屏障和胎盘引起中枢神经系统永久性损伤和胎儿水俣病，主要表现为神经毒性，大脑和神经系统被视为发生甲基汞中毒的靶器官，典型症状为末梢感觉错乱、视野收缩、运动性共济失调、构音障碍、听觉错乱以及震颤，并且这些损害是不可逆的。水俣病就是甲基汞中毒的典型疾病，以小脑性运动失调、视野缩小、发音困难等为主要症状。此外，甲基汞对精细胞的形成有抑制作用，使男性生育能力下降。

甲基汞可以通过食物链富集，处于水生食物链顶端的鱼类和海洋哺乳动物是甲基汞富集的载体。大多数人受到甲基汞的伤害，是因为食用了这些被污染的鱼类和其他海产品。

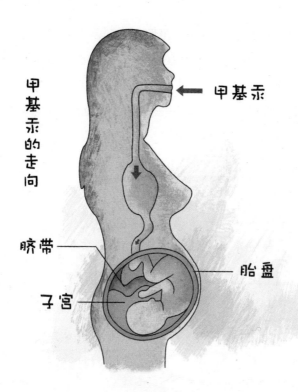

甲基汞的走向

甲基汞

脐带

胎盘

子宫

86. 您知道多少汞会引起人体中毒吗？

汞的毒性取决于单位体重的汞摄入量，只有在机体内达到一定水平之后才会导致中毒。不同的专业机构确定的汞消耗量安全水平为 0.7 ～ 3.3 mg 汞 /（kg 体重·周）（美国国家环保局设定的最低点为每周每千克体重 0.7 mg Hg，而世界卫生组织的建议值为每周每千克体重 3.3 mg Hg），这些水平被认为低于安全上限 10 倍。目前，美国国家环保局推荐的安全吸收水平被作为参考剂量，并被定义为可终身每日吸收而没有不良反应显著风险的剂量。

　　甲基汞的安全上限（每周最大摄取水平）是 1.6 µg/kg 体重（国际标准）或 0.7 µg/kg 体重（US-NRC 标准），1997 年估测的新的参考剂量为 0.1 µg 甲基汞 /（kg 体重·d）。该剂量意味着仅每周 1 听 7 盎司（198 g）金枪鱼罐头摄取的甲基汞的量就会等于或甚至稍微高于新的限值（这取决于消费者的体重）。

联合国环境规划署发布的《全球汞状况评估》报告中指出，鱼在含汞量0.01～0.02 µg/L 的水中生活就会中毒；人若食用0.1 g汞就会中毒并导致死亡。

87. 您知道汞暴露如何检测吗？

头发代表整个生长期的平均暴露水平，头发总汞的80%～98%是甲基汞。

　　血汞和尿汞通常用来评价无机汞暴露。血汞含量可作为人体近期汞吸收的暴露剂量标记物，尤其适合急性汞中毒时吸收剂量及病情判断；尿汞可作为慢性汞中毒体内剂量的良好标记物。对职业性汞暴露人员而言，世界卫生组织推荐的最大允许尿汞含量为 50 μg/g；一般人群尿汞应低于 5 μg/g；呼出大气被视为汞蒸气暴露的一个可能的生物标记物。由于甲基汞暴露与普通人群的健康效应最为密切，因此，血汞浓度和发汞含量就成了评价和衡量人体甲基汞暴露水平的主要手段和生物指标。其中，血汞可反映最近 1 ～ 2 个半衰期（半衰期为 50 ～ 70 天）的暴露量，发汞则代表整个生长期的平均暴露水平。头发总汞的 80% ～ 98% 是甲基汞，通常头发中汞的浓度是血液中的 250 ～ 300 倍。此外，脚趾甲和手指甲中汞的浓度也可作为汞暴露的生物标记。

88. 您知道汞会在生物体内累积吗？

汞对生态环境的影响中一个非常重要的因素就是它可以在生物体内累积。尽管所有形式的汞在一定程度上都可以累积，但是甲基汞被吸收和累积的程度要比其他形式高得多。鱼类组织中的甲基汞多数都与蛋白质的巯基共价结合，这种结合使得甲基汞在鱼体内的降解非常缓慢（在有机体内，90% 的甲基汞都会被储存下来）。假设环境浓度稳定，由于甲基汞降解缓慢、加上鱼类长到更大尺寸时（即鱼类食用量增加并且捕食种类更多）因营养级地位改变使得吸收量增加，给定的鱼类个体内汞浓度趋向于随着年龄增长而增大。因此，较年长的鱼组织中的汞浓度比同类物种较年幼的鱼要高得多。

89. 您知道汞在食物链中的传递及生物放大作用吗？

　　水生食物链在汞污染中的作用极为重要，浮游植物（藻类）和浮游动物从水中富集了甲基汞，浮游动物吃浮游植物，鱼、贝类吃浮游动物，这样就发生了甲基汞的生物浓缩及甲基汞的生物体转移。

汞能够在食物链中传递的重要因素为无机汞到甲基汞的转化，这是水生食物链中的第一步。在这个过程中，某些细菌在早期起到重要作用（环境中处理硫酸盐的细菌吸收无机形式的汞，并通过代谢过程将其转变成甲基汞。这些含甲基汞细菌可能被食物链中更高的一级吃掉，或者细菌将甲基汞排泄到水中，由浮游生物迅速吸收，浮游生物又被食物链中更高的一级吃掉）。汞能够在食物链中传递的另一个重要因素是甲基汞的亲脂性，其使动物累积甲基汞的速度比排解掉它的速度快得多，在食物链中每高一个等级的动物都会吸收更高浓度的甲基汞。通常，鱼在水生食物链中营养级别越高，其鱼体内汞含量也越高，即草食性＜杂食性＜肉食性鱼类。所以，即使在离点源很远的地方大气沉积速度很缓慢，或在甲基汞含量很低的水环境中，汞的生物放大作用也会在这些水生食物链中的顶级消费者体内造成毒性效应。

90. 您知道汞对水生生态系统的危害吗？

由于人类排放的汞随着大气和洋流四处迁移，因此全球的鱼类、贝类都可能受到了不同程度的污染。由于水生食物网的等级比陆生食物网多（陆生食物网中，食肉性野生动物很少相互为食），因此水生食物网的生物放大作用可典型性地达到更高的值。其中，非食肉性的小型鱼类中的汞浓度最低，在海洋中处于生物链最高层的鳖鱼等大型鱼类以及海豹体内的汞含量最高。在受到汞污染的水生环境中，生物体中的高浓度汞通常要在汞污染源停止或受污染物的沉积物被移除了很多年后才能恢复到污染前的水平。

由于人类排放的汞随着大气和洋流四处流动，因此全球的鱼类、贝类都可能受到了不同程度的污染。

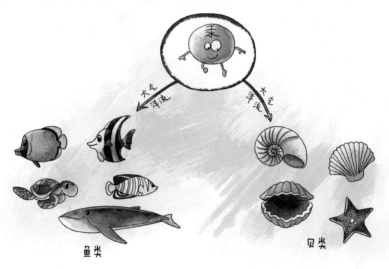

鱼类　　　　　　　　　　贝类

91. 您知道汞对陆生生态系统的影响吗？

汞的污染危害范围远比我们想象得更广。例如，有研究对捉住的 178 种鸟类的血液和羽毛进行了测试，结果发现全部受到汞污染（在鸟类中，即使汞在蛋中的浓度低到 $0.05 \sim 2.0$ mg/kg 也会对繁殖产生不良影响）；美国野生动物联合会公布的涉及 65 项最新研究的调查结果表明，40 多个物种体内的汞含量不断升高，其中许多物种目前都濒临灭绝，包括潜鸟和秃鹰在内的一些物种，已表现出汞中毒和生殖变化的迹象。

历史上，使用有机汞化合物进行农业拌种可以造成食用这些种子的动物的汞暴露，尤其是鸟类和啮齿类动物。

92. 您知道极少量的汞就可以造成严重的污染吗？

禁止向自然界随意丢弃含汞产品。

1 支普通的水银温度计约含 0.7 g 汞，较大的水银温度计含汞量高达 3 g。然而，每年仅需 1 g（约为 87 支 1.2 m 长荧光灯管的汞含量、1 支水银温度计的典型汞含量）空气传播的汞沉积到一个 10 hm² 的湖泊，即可能将其中食物链顶端的鱼污染至食用不安全水平。

93. 您知道有哪些因素能影响汞的环境危害吗？

工业或采矿活动造成的高污染地区，自然过程可能会掩盖、稀释或削减汞沉积，从而使汞的浓度下降。但是，在许多相对原始的地区，由于大气沉积的增加，汞浓度实际上增加了。伴随全球气候变化，水位上升可能也与汞的甲基化及其在鱼体内的累积有关。例如，在小而温暖的湖泊及许多新的淹没地区（新近泛滥的水库或新近形成的湿地），甲基汞的形成在增加。此外，湖泊酸化也是加剧汞危害的原因之一，由于硫这种刺激甲基化的物质的加入，以及较高的酸度增强了环境中汞的流动性，从而使其更有可能进入食物链。

94. 您知道哪些汞的生态危害案例？

现实生活中有许多汞的生态危害事件发生。1950—1952 年（早在意识到人体中毒之前），在日本水俣镇就已经发现汞中毒对鸟类神经系统有严重影响，使其飞行非常艰难，还表现出其他极为异常的行为；家畜（尤其大量食用海产品的猫）中也观察到神经疾病的征候，包括抽搐、痉挛、很反复无常的运动（疯狂奔跑、突然跳跃、撞向目标）。近年来的调查中，一个关于中国香港地区驼峰海豚种群的研究发现，汞对这种动物的健康有特别威胁，超过了其他的重金属；在加拿大北极区和格陵兰的一些地区，北极环斑海豹及白鲸体内汞的水平在过去 25 年内增加了 2 ～ 4 倍；丹麦自然环境研究所调查人员的最新一项研究发现，生活在格陵兰岛上的北极熊毛皮汞含量，是 14 世纪北极熊毛皮汞含量的 11 倍。

95. 您知道史上最严重的汞中毒事件吗？

日本水俣病事件是迄今为止最严重的汞中毒事件。从 1949 年起，位于日本熊本县水俣镇的化工企业开始制造氯乙烯和醋酸乙烯，由于制造过程使用了含汞（Hg）的催化剂，导致大量的汞随未经处理的

废水排放到水俣湾。根据日本水俣市水俣病资料馆数据，自 1956 年 5 月 1 日首例"水俣病"患者被确诊起至 2000 年 10 月 31 日止，正式被认定受汞影响的患者为 12 617 人（其中，被正式认定的患者为 2 264 人，为救济尚未被认定为水俣病的患者而支付给一次性补偿金的人数为 10 353 人），正式确认之前死亡的人、因死亡而无法向医疗事业单位提出认定申请的人、由于其他各种原因没有申请的人尚不包含在内。截至目前，水俣病尚无根治疗法，只能进行对症治疗和机能训练，幸存患者至今仍生活在水俣病的阴影里。

96. 您知道其他国家的汞中毒事件吗？

美国防霉剂中毒事件：1970 年美国新墨西哥州发现原因不明的"脑炎"，患者是 3 名儿童，其主要症状是视力减退、行走困难、表情迟顿呆滞。后经调研，发现这三名儿童不是"脑炎"，而是甲基汞中毒。1969 年 8 月，孩子的父亲为了使一批种子不霉变，用含有甲基汞的化合物制成的防霉剂对种子做过处理。孩子食用了用这些种子作为饲料喂养的猪肉，几个月后开始发病。检查结果证实，猪肉和患儿的尿中都含有高浓度的汞。

伊拉克汞中毒事件：1971—1972 年冬天，在伊拉克乡村发生了一起由于用含汞的杀真菌剂处理谷粒而造成的大规模中毒事件。该事件涉及 6 000 人，造成 500 人死亡。流行病学追踪调查显示多达 40 万人可能受到影响。

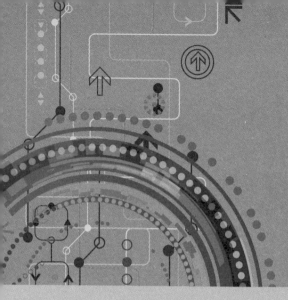

GONGWURAN WEIHAI YUFANG JI KONGZHI
ZHISHI WENDA

汞污染危害预防及控制 知识问答 ▪

第五部分
公众参与

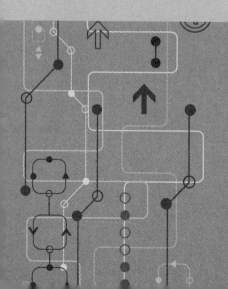

97. 您知道身边有哪些汞污染吗？

汞经常出现在我们的日常生活中，我们对汞产品的使用或处理不当很容易造成汞污染。以下物品都可能让你接触到汞：体温计、血压计、温度计、湿度计、电池（糊式、扣式）、化妆品、灯管（荧光灯管、高压汞灯管）、齿科材料（银汞齐）、药品（中药、红药水、含硫柳汞的疫苗等）、其他（开关、扫描仪、计算机屏幕等），以及燃煤、垃圾焚烧等。

我们对汞产品的使用或处理不当则很容易造成汞污染。

98. 您了解硒汞拮抗吗？

硒是人体必需的一种微量元素，对维系机体生命活动具有重要的意义，并可拮抗汞的毒性。有研究利用实验室水培，结合土培方法对汞暴露水稻进行适量的补硒，发现补硒不仅可以提高稻米的产量，而且可以降低水稻各组织中的汞含量，抑制水稻对汞的吸收、转运和蓄积。硒在降低稻米糊粉层中汞含量的同时，还可以显著降低汞在稻米胚部位的蓄积，说明硒可以缓解汞对水稻发育的影响。研究还发现，硒对水稻中无机汞的吸收、转运和蓄积的抑制作用要比对甲基汞的作用更显著，提示水稻对无机汞和甲基汞的吸收、转运和蓄积过程不同。该研究表明硒可以降低汞对水稻的植物毒性，并且抑制汞在稻米中的蓄积，对进一步探索提高我国汞污染区稻米质量的途径具有重要意义。

99. 您知道低汞和无汞替代品吗？

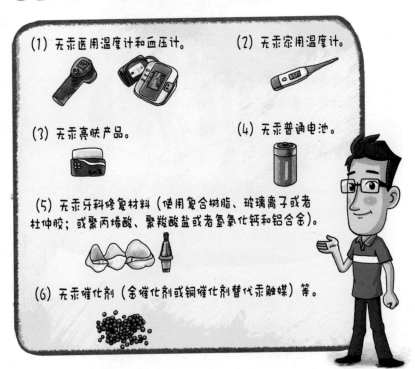

随着人们越来越多地认识到汞对环境和人体健康的潜在影响，许多工业化国家在过去 20 年间逐渐减少了汞及其化合物的应用范围及使用量。在美国，人们几乎买不到含汞的温度计，30% 的美国地区已禁止使用或严格限制含汞血压计。在我国，医疗器械行业协会的数据显示，2008 年全国生产水银体温计耗汞 109.25 t，生产水银血压计耗汞 117.8 t，整个行业的用汞量则达到 227.05 t。作为消费者，出于保健而非诊断的目的，建议选用无汞电子血压计（如无液血压计、电子血压计和混合血压计）和无汞体温计（如酒精温度计）。

目前汞替代产品有：

（1）无汞医用温度计和血压计；

（2）无汞家用温度计；

（3）无汞亮肤产品；

（4）无汞普通电池；

（5）无汞牙科修复材料；

（6）无汞催化剂（金催化剂或铜催化剂替代汞触媒）等。

100. 您知道如何妥善处置使用过的含汞产品吗？

不将含汞产品当作普通垃圾处理，是防止汞排放到环境的最佳途径之一。

不将含汞产品当作普通垃圾处理，是防止汞排放到环境的最佳途径之一。生活中产生的含汞废物主要有废弃荧光灯管、体温计、含汞电池等。此外，汞在电脑中各处都有使用，如显示屏、电路板、电开关及扣式电池，各种电器的开关可能也含有汞。

101. 您知道为什么要小心使用含汞产品吗？

由于汞的黏度小、流动性大且室温下容易蒸发成无色的、无味的有毒蒸气，因此含汞产品一旦被打破，很容易形成污染源。例如，水银体温计在正常测温前必须"甩"一下，这就大大提高了其破损的危险性。有调查数据表明，一家拥有 250 个病床的医院，一年中破损的体温计数量超过 4 700 支，而一支普通的棒式或内标式体温计含汞约 1 g。据计算，一支体温计打碎后，外泄的汞全部蒸发后，可使一间 15 m² 大、3 m 高的房间室内空气中汞的质量浓度达到 22.2 mg/m³，如果家中使用水银温度计，请小心使用，尽量不要打碎它，以减少对环境和个人的危害。1 支水银血压计的汞含量一般在 80 ～ 100 g，更需要小心使用以避免破碎。

102. 您知道如何正确处理少量泄漏的汞吗？

当少量的汞散落时，要先关掉室内所有加热的装置，打开窗户通风（关上门，以免扩散到其他房间），然后戴上手套，用小铲子或吸管把汞仔细地收集起来，或在上面撒些硫黄粉末（硫和汞反应能生成不易溶于水的硫化汞，危害会大大降低）。另外，处理散落在地面上的汞时最好戴上口罩，不要使用吸尘器清除溢出的汞，不要使用扫帚清理水银，不要倒入排下水管道。不可使用洗衣机清洗与汞接触的衣物或其他物品（应该被丢弃），因为汞可能会污染机器和或水。

当少量的汞散落时，要先关掉室内所有加热的装置，打开窗户通风（关上门，以免扩散到其他房间），然后戴上手套，用小铲子或吸管把汞仔细地收集起来。

103. 您知道哪些关于汞危害的防范知识？

日常生活中，潜在的汞污染来源长期、广泛地存在着（例如，身边的含汞体温计、血压计、荧光灯管）。某些含汞产品破损后造成的汞泄漏，可使室内空气中元素汞（Hg^0）浓度达到危险水平，并通过呼吸道进入人体而引起中毒。对于汞泄漏如何处理，有医院进行的实际调查显示：有 6% 的受访者认为不用处理；52% 的受访者会就地倾倒；27% 的受访者会直接倒入垃圾桶；4% 的受访者会倒入下水道；8% 的受访者会用注射器吸取后注回血压计；3% 的受访者认为汞滴好玩，曾经用手去触摸，至于汞在常温下会不会蒸发，只有 42% 的受访者回答正确。

104. 您知道哪些因素会影响到汞对健康的危害吗？

汞在环境中广泛存在，几乎所有人的体内都能检测到微量的汞。汞暴露对人体健康的影响，可以非常严重，也可以没有任何影响，这取决于以下多项因素：①化学形式。元素汞（金属）和有机汞化合物，比无机汞化合物危害更大。②剂量。③暴露时间。④接触途径。元素汞（金属）主要通过呼吸道吸收入体内，经消化道摄入不会导致严重后果，而有机汞化合物（如甲基汞）主要通过消化道吸收入体内。⑤年龄和健康状况也会影响到汞暴露的健康效应。

105. 您知道人类接触汞的途径有哪些吗？

对于普通大众来说，最重要的汞暴露来源是口腔科用的汞齐。此外，经常食用某些鱼类和海产品、使用含汞的个人护肤乳霜、使用含汞的物品以及某些医药品等，也可让普通人群受到汞的危害。值得关注的是，从事某些与汞相关的特殊行业或不当使用含汞产品的职业人群，他们相比之下更容易受到汞暴露的损害。如：含汞产品生产行业从业者（如温度计厂职工）、采矿及冶炼行业从业者（混汞法炼金的金矿职工）、PVC/VCM 行业从业者，以及牙科医生。体内含有高浓度汞的孕妇可使体内所孕育的胎儿直接暴露于汞，应当格外警惕由此带来的胎儿缺陷。

106. 您知道如何了解人体内的含汞量吗？

人体中含有多少汞，可以通过以下 5 种生化检测得知：血汞、尿汞、乳汁中的汞含量、手指甲和脚趾甲的汞含量、头发中的汞含量等。

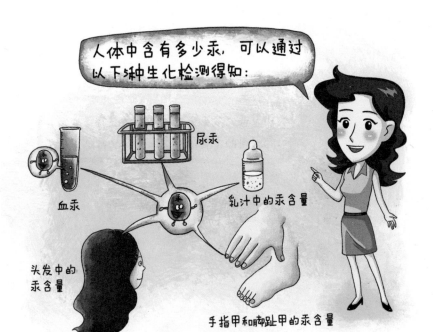

107. 您知道日常饮食中如何控制汞的摄入吗？

　　鱼和野生动物容易受到甲基汞污染，因此，食用它们容易造成汞暴露的风险，但由于鱼是蛋白质、ω-3 多聚不饱和酸及其他重要营养物质的重要来源，不可能因此放弃食用它们。一般情况下，对于敏感人群（孕妇和年幼的孩子），建议限制或避免食用特定种类的鱼。如鲨鱼、旗鱼等食肉性鱼类（捕食其他鱼类）体型较大，位于食物链顶端，因此容易含更多的汞，仅应偶尔食用。按照加拿大卫生部消费指南，成年人食用这些鱼类不超过每周一餐，孕妇、育龄期妇女以及年幼的孩子食用这些鱼类不超过每月一餐。澳大利亚饮食指南建议在饮食中应加以限制尖嘴鱼（旗鱼／宽吻鱼和枪鱼）、鲨鱼、罗非鱼及鲇鱼，孕妇、计划怀孕的妇女及年幼的孩子应当限制摄取鲨鱼（flake）、宽吻鱼、枪鱼、旗鱼（建议不超过每两周一次，并且在这两周中不食用其他鱼类）。另外，使用鱼粉作为供人类食用的家禽及其他动物的饲料，可能会导致汞暴露水平上升。不过，牛可以在瘤胃中使汞脱甲基，因此，牛肉和牛乳中汞的含量非常低。

鱼和野生动物容易受到甲基汞污染，因此，食用它们容易造成汞暴露的风险。

108. 您知道急性汞中毒如何救治吗？

急性汞中毒会迅速出现咽部肿痛、口渴、口有金属味、齿龈红肿、出血或有汞线、腹痛、腹泻等症状，另外还伴有恶心、食欲不振、呕吐，严重者还会呕血、便血。发现中毒后应立即移离中毒环境并拨打"120"

急救电话，口服中毒者应用碳酸氢钠溶液或温水洗胃催吐，然后口服牛奶、蛋清或豆浆以吸附毒物（需注意的是，不要使用盐水，否则会增加汞吸收的可能）；吸入汞中毒者，应立即撤离现场，换至空气新鲜并通风良好处，有条件的应给予吸氧。对抽搐、昏迷者，应及时清除口腔内异物，保持呼吸道通畅；病情稳定后，有吞咽困难者应当禁食并注意口腔护理。

急性汞中毒后应立即移离中毒环境并拨打"120"急救电话。

书号：
978-7-5111-2067-0
定价：18 元

书号：
978-7-5111-2370-1
定价：20 元

书号：
978-7-5111-2102-8
定价：20 元

书号：
978-7-5111-2637-5
定价：18 元

书号：
978-7-5111-2369-5
定价：25 元

书号：
978-7-5111-2642-9
定价：22 元

书号：
978-7-5111-2371-8
定价：24 元

书号：
978-7-5111-2857-7
定价：22 元

书号：
978-7-5111-2871-3
定价：24 元

书号：
978-7-5111-0966-8
定价：26 元

书号：
978-7-5111-2725-9
定价：24 元

书号：
978-7-5111-0702-2
定价：15 元

书号：
978-7-5111-1624-6
定价：23 元

书号：
978-7-5111-2972-7
定价：23 元

书号：
978-7-5111-1357-3
定价：20 元

书号：
978-7-5111-2973-4
定价：26 元

书号：
978-7-5111-2971-0
定价：30 元

书号：
978-7-5111-2970-3
定价：23 元